写真と証言でよみがえる

# 続・秩父鉱山

文　黒沢和義
写真　渡部喜久治　他

かつて秩父の山奥に二十何種類もの金属を産出した鉱山があった。秩父鉱山だ。

両神山の裏側、山また山のその奥に何千人もの人が住む鉱山街があった。

そこでどんな事が行われ、どんな人々が生活していたのか。

生産縮小した現在では過去の記録や写真に頼るしか知る術はない。

様々な人の証言と写真で、鉱山の掘削作業や土木工事、鉱山街の暮らしなどを再現した。

また、社員向け文化会機関誌の記事から昭和二十年代の雰囲気を知る事ができた。

前作『秩父鉱山』と併せて、より深く秩父鉱山を知る資料となった。

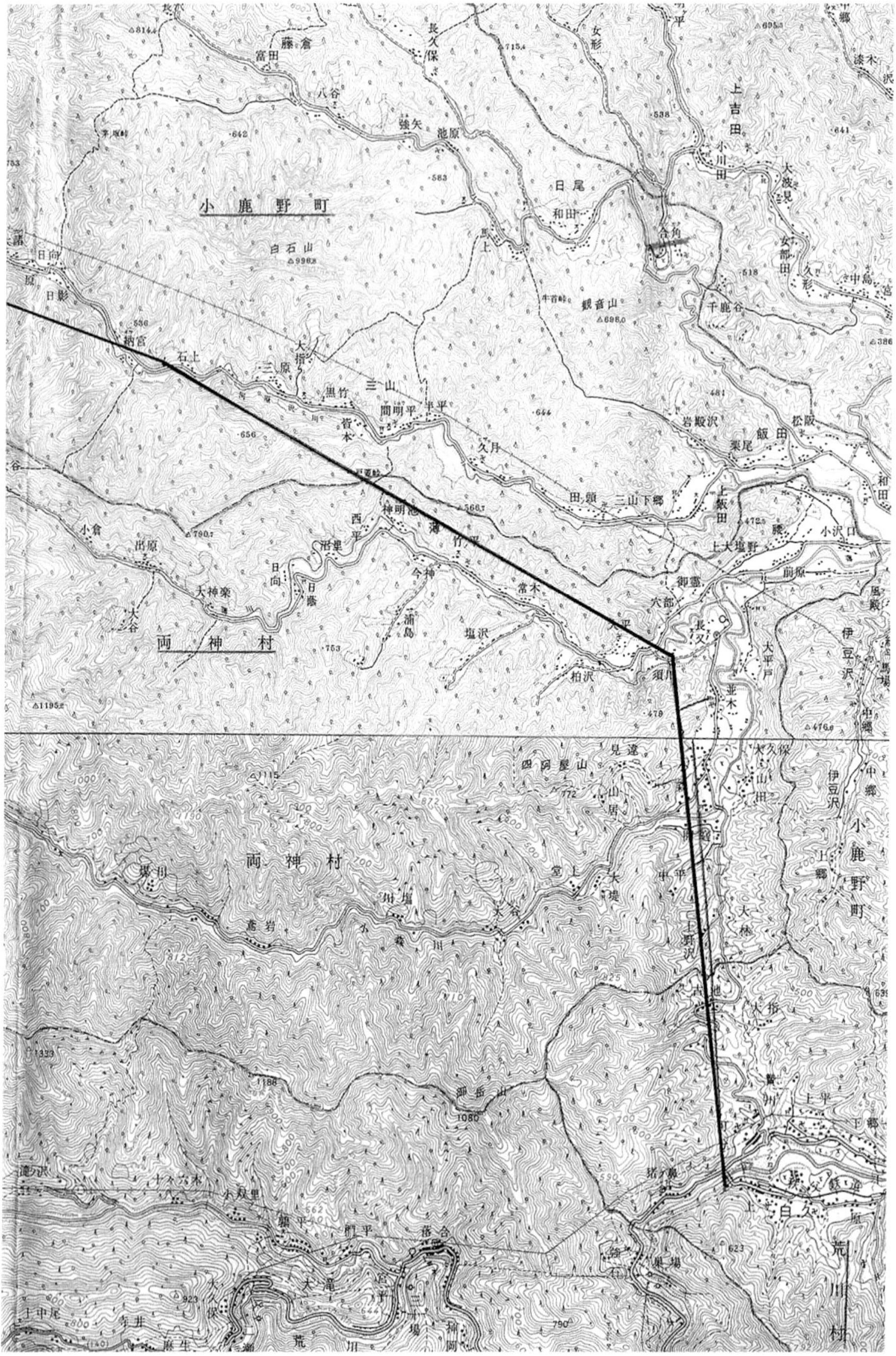


元山→三峰口間の索道位置図

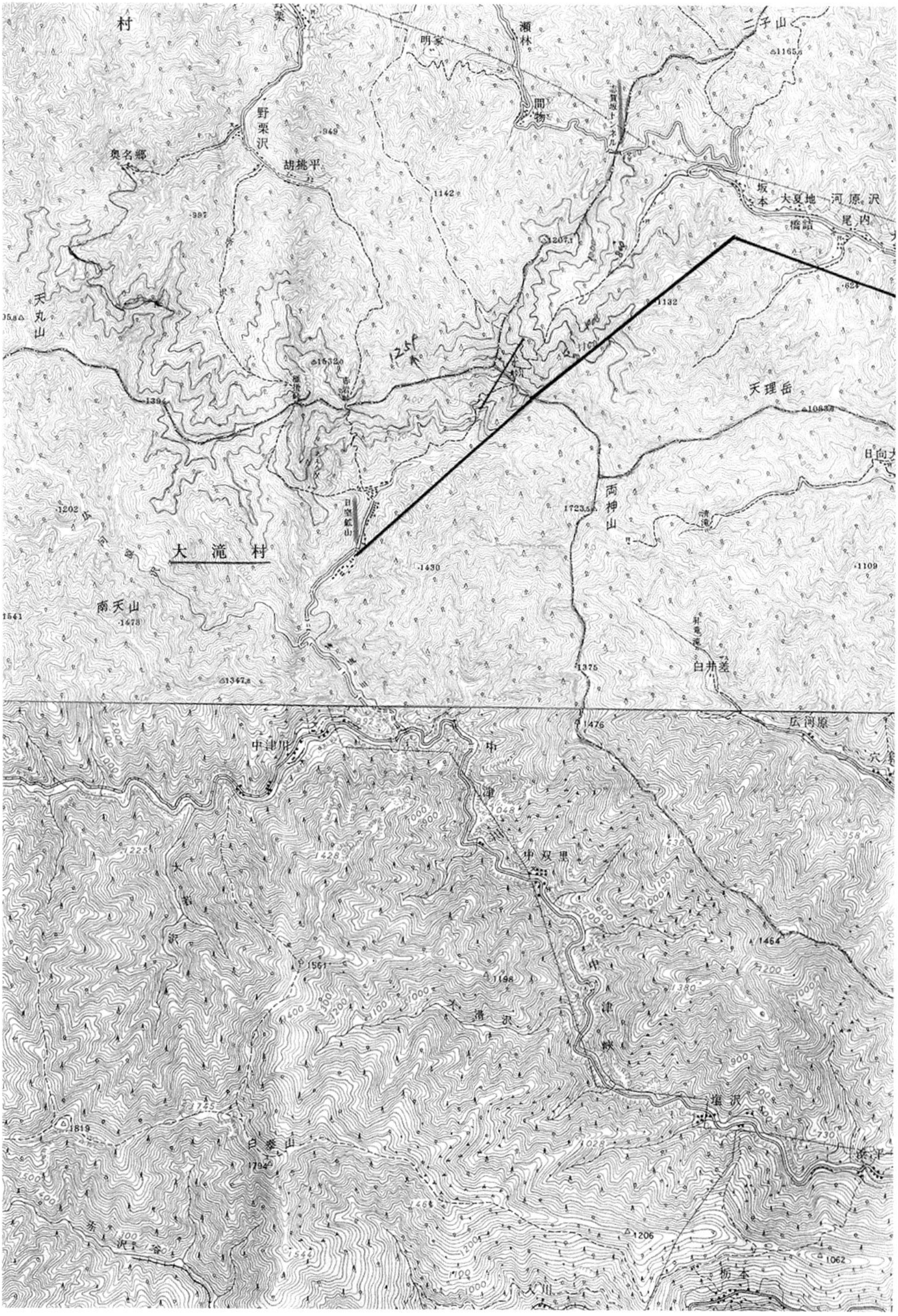
村
野栗沢
明家
瀬林
二子山
間物
志賀坂トンネル
奥名郷
胡桃平
949
1142
987
坂本
大夏地
河原沢
橋詰
尾内
天丸山
1132
天理岳
大滝村
南天山
1478
1541
1202
1430
両神山
1723.5
1109
1375
白井差
1476
広河原
中津川
中津
中双里
1561
1198
中津峡
塩沢
白泰山
1794
1819
1206
1062
栃本
入川
1464
1428
1225

写真と証言でよみがえる
続・秩父鉱山

# 目次

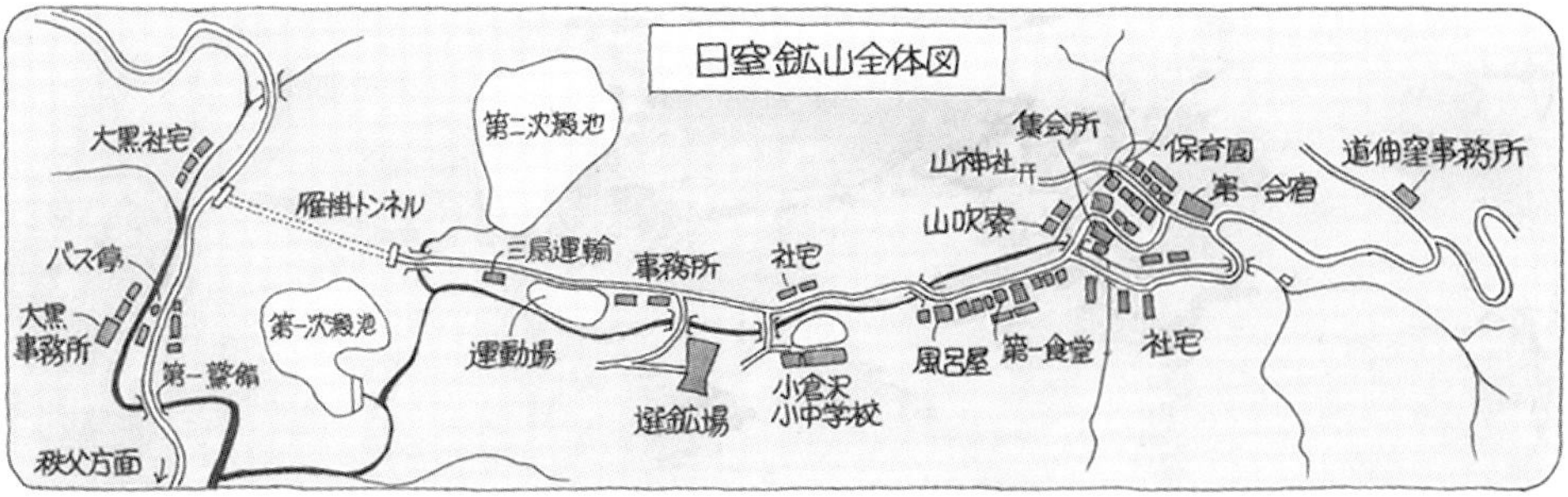


# 鉱山内部の様子
# （大黒坑の場合）

一番方、朝8時から夕方4時まで
二番方、夕方4時から夜12時まで
日曜、祭日は休み。

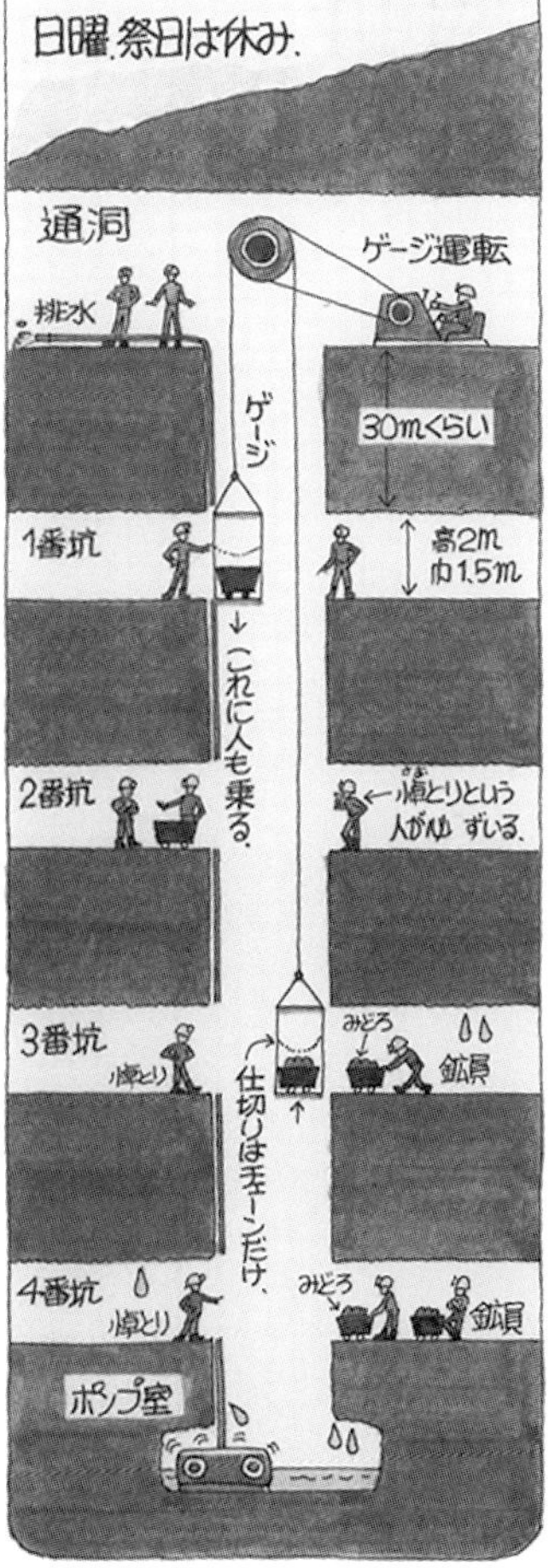

# 秩父鉱山の風景

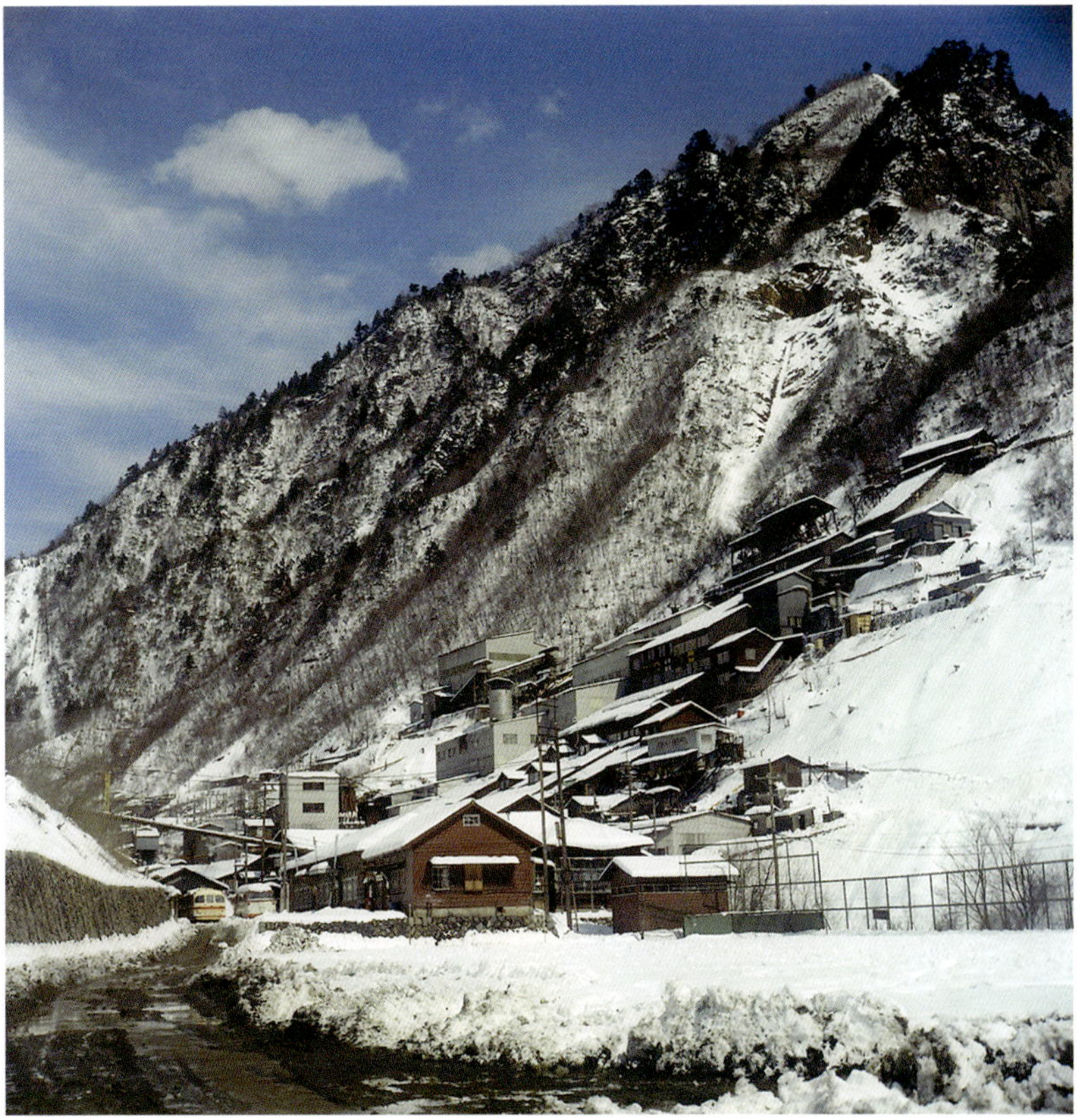

雪の本坑。雁掛トンネルを出て、最初に視界に飛び込んで来る景色。

写真
渡部喜久治

選鉱場上から社宅方向を写す。左の山、段々に見えているのは鉱員が作っている野菜畑。

橋掛沢から見る冬の赤岩岳。下に集会場や社宅が見える。

学校沢から本坑と大黒坑方面を見おろす。

選鉱場から雁掛トンネル方面を見おろす。

雪の大黒坑奥の社宅群。南天山方面。

冬の寒い日、雲が上がったら山が真っ白になっていた。建物は選鉱場。

学校前、車両交換場所より、分析・土建・電気・工作などの棟を見る。

昭和38年12月30日、道伸窪の索道。本坑方面を見おろして。

ゲタヤ坂途中から見おろす索道。右奥には社宅群が見える。

昭和38年12月30日、道伸窪の索道。本坑方面を見おろして。

青い山波を搬器が渡る。元山から八丁峠へと登ってくる搬器。

下に霞んだ索道のポストが見える。深山の青い青い山波が見渡せる。

ゲタヤ坂付近から見おろす本坑方面。鉱山街が遠くに見える。

学校入り口から見上げる赤岩岳。鉱山のシンボルだ。

赤岩東坑口から深い谷底にある鉱山街を見おろす。

第一合宿下から赤岩岳を見上げる。

ヤショウネ（痩せ尾根）から見おろす中津集落。

大黒上一番坑より本坑方面を望む。ひときわ高くそびえるのは赤岩岳。

秋の本坑。鉱山の紅葉は誰もが認める最高の紅葉だった。

大黒上一番坑から見おろす大黒の社宅群。

中津へ向かう峠から見おろす大黒坑前の道。

狩掛たい積場入り口より、高圧受電設備を眺める。

金森組宿舎前より本坑事務所・資材・工作などの建物群を見上げる。

慰霊塔前より赤岩岳を見上げる。

紅葉の狩倉岳。鉱山の紅葉は本当にきれいだ。

紅葉の両神山。

紅葉の両神山。

紅葉の両神山。赤と黄色と濃い緑色が織りなす秩父の紅葉。

紅葉の両神山。

岩山の紅葉がひときわ美しい。

紅葉に染まった本坑。

紅葉に染まった鉱山街。赤岩岳が美しい。

八丁峠から望む上州の山々。

真夏の秩父鉱山本坑から社宅群を望む。バスが走っている。

# サービス立坑の開発記録

写真

渡部喜久治

# サービス立坑とは

秩父鉱山の道伸窪坑において下部の資源開発のために掘った縦穴のこと。主に作業員が出入り昇降する縦穴で、ゲージと呼ばれる簡易エレベーターを昇降させる場所になる。この縦穴を掘った後で、鉱床のある部分を横に掘る水平坑道が展開されることになる。

下部開発の要になる掘り下げに渡部さんは自ら参加し、九ヶ月間の工事を事故なく完了することが出来た。そして、どのような作業がどのような環境で行われたかを写真で記録した。

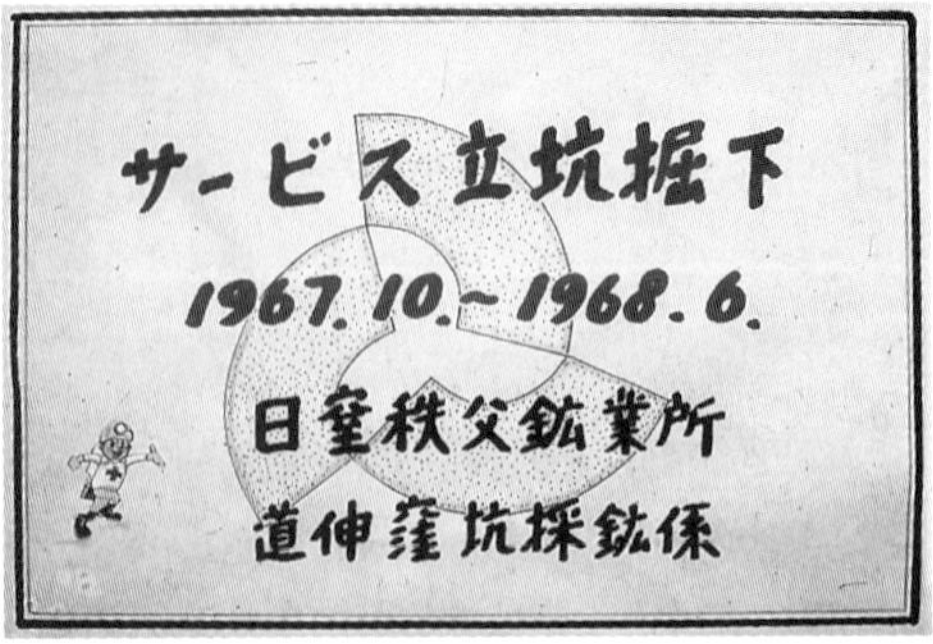


この写真集は坑内作業の貴重な記録であり、カンテラと投光機の光だけの世界がどのような世界なのかを知る貴重な写真でもある。

坑道を掘ることが基本である鉱山でも、縦坑を掘ることは非常に少ない作業で、貴重な体験が出来たと自ら志願して参加した渡部さんはふり返っていた。

道伸窪坑1024mレベルにある15馬力のキャプスタン捲き上げ機。
スカフォードの昇降はこの機械が頼り。

道伸窪坑900mレベル通洞坑を走っている電気機関車。トロッコを接続し運搬する。

シンキングシュート（ズリ捨て場入口）を組立中。

キブル（バケット）をシンキングシュートで試運転中。

キブル（バケット）をシンキングシュートで試運転中。

シンキングシュートを組立中。

サービス立坑、手掘りで掘り下げ開始。この時点ではダイナマイトは使わない手作業。

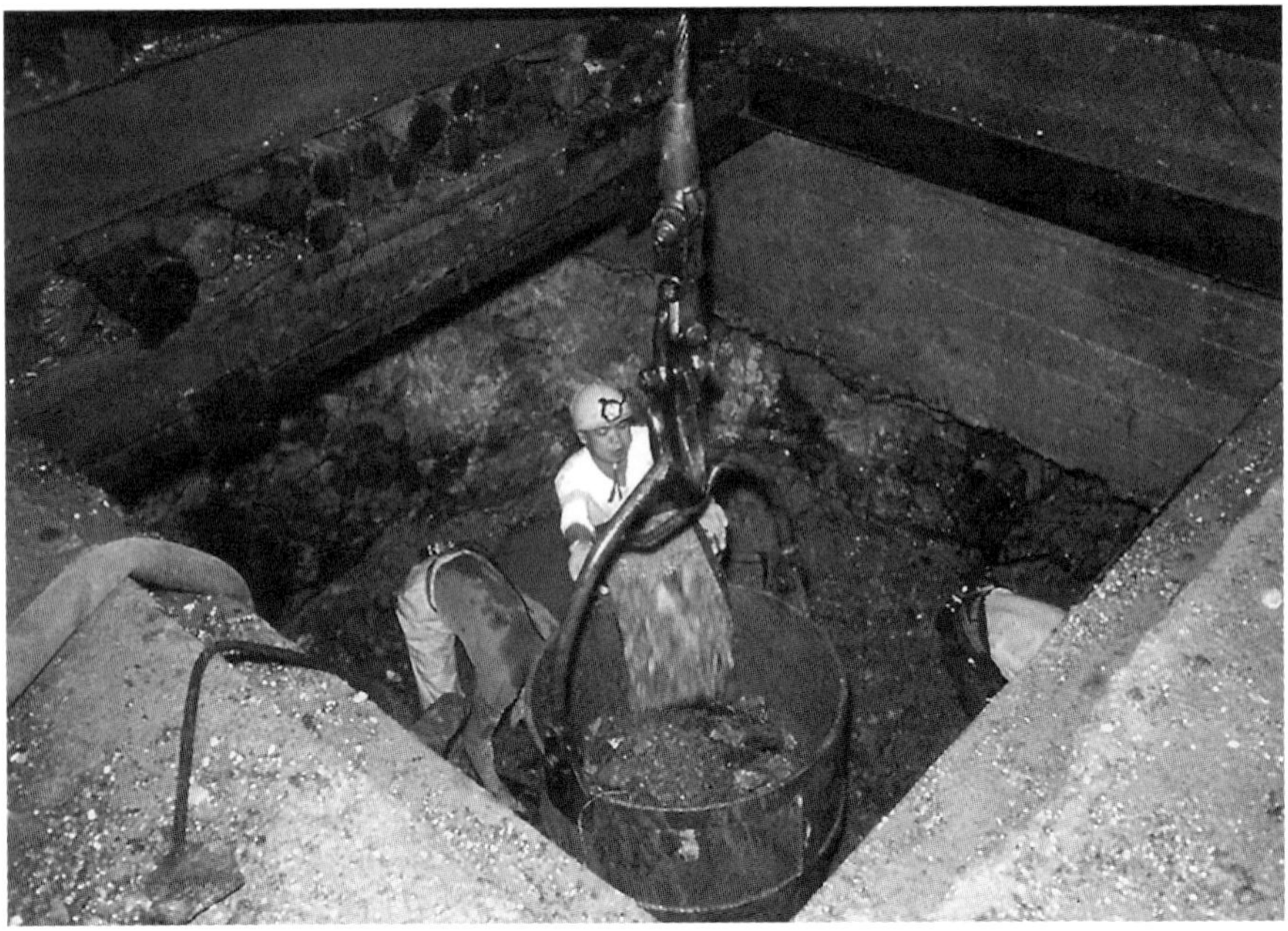

サービス立坑の掘り下げ作業。ズリをキブルに入れている。

徐々に深くなる立坑。キブルの巻き上げが急ピッチで進む。

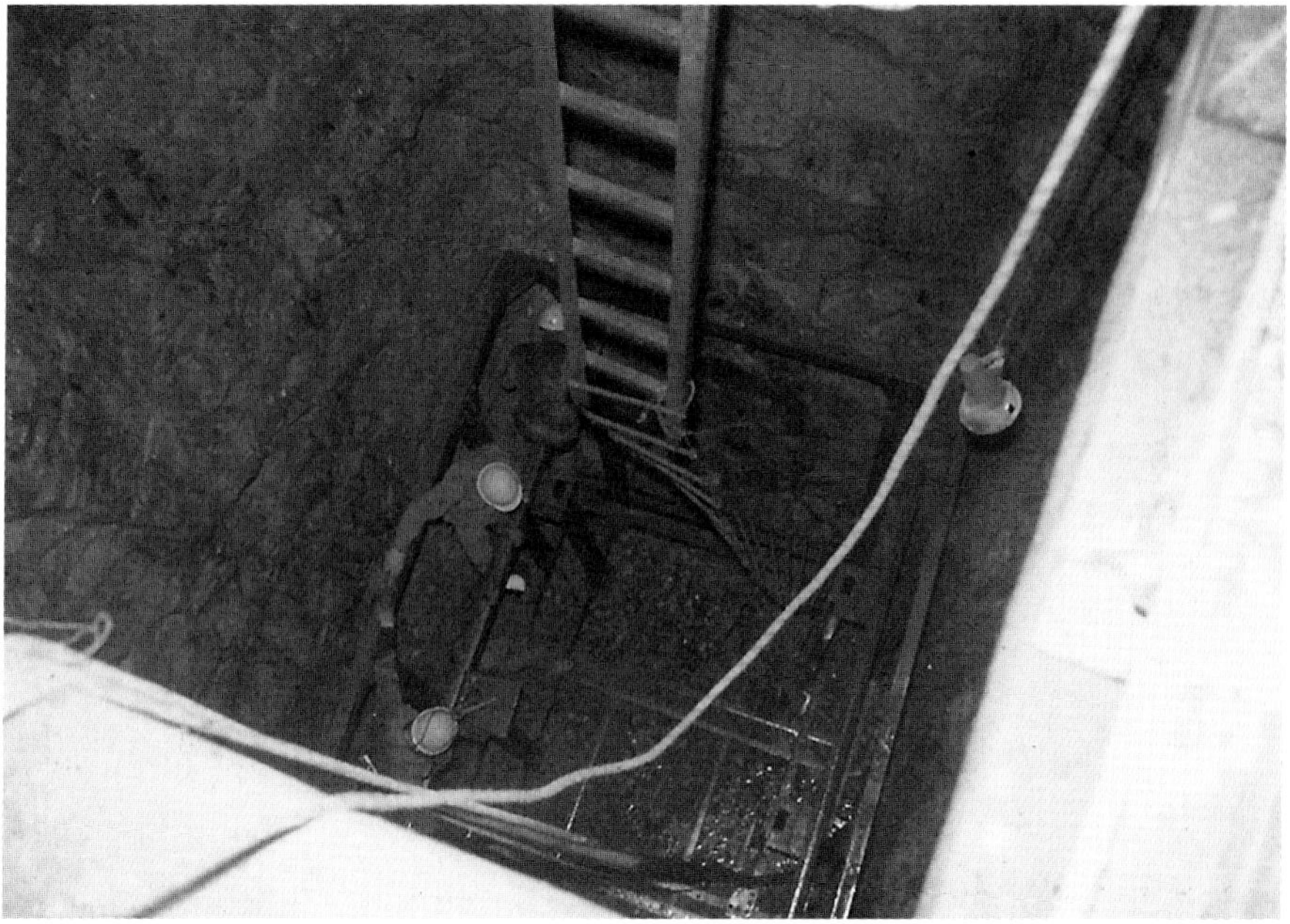

スカフォード（作業架台）の組立を開始する。

900mレベル通洞にて、貯鉱舎にズリを運搬する電気機関車。

コンプレッサー。この機械で作る圧縮空気が削岩機やグライファの原動力となる。

スエーデン製のアリマッククライマー。狭い場所でも軌道で人間が昇降できる機械。

起工式での安全祈願。道伸窪坑1024mレベル坑口にて執り行う。

サービス立坑さらに深くなり、スカフォード（作業架台）組立中。

道伸窪坑900mレベル、ズリシュートの安全扉組立中。

道伸窪坑900mレベル、キャプスタン巻き上げ機。スカフォードの昇降はこの機械で行う。

安全扉の信号装置。安全確認は最大のポイント。

キブル（バケット）とライダー（安全保持装置：揺れたり回転したりするのを防ぐ装置）

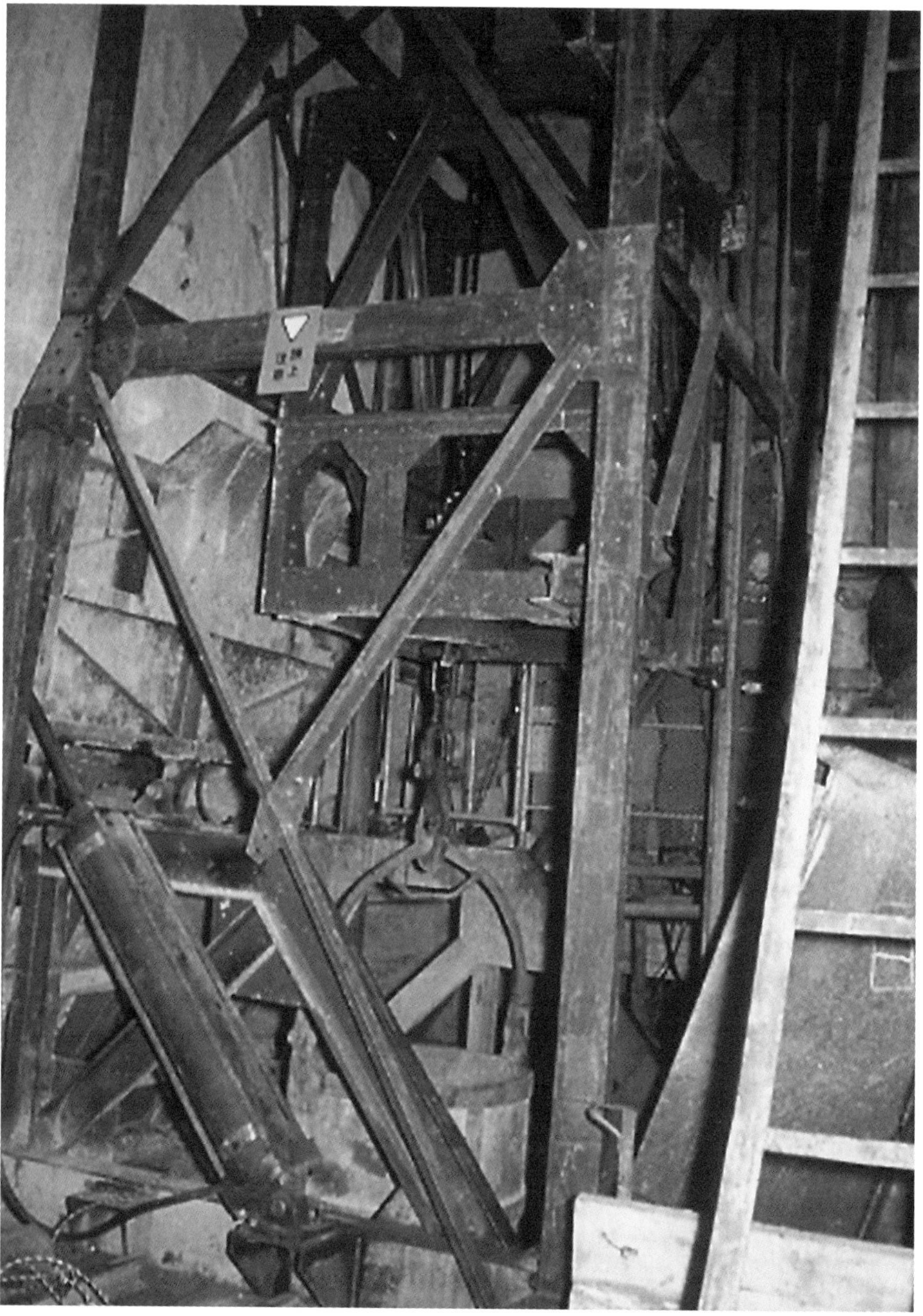

鉄骨枠内の四角いものがライダー。その下にぶら下がっているのがキブル。

道伸窪坑900mレベル、安全扉が開いている。作業員がキブルを見ている。

スカフォード（作業架台）にあるキブル通過穴。穴から下が見える。

スカフォードから覗く下の作業。削岩機によりさく孔中。

道伸窪坑900mレベル、安全扉。

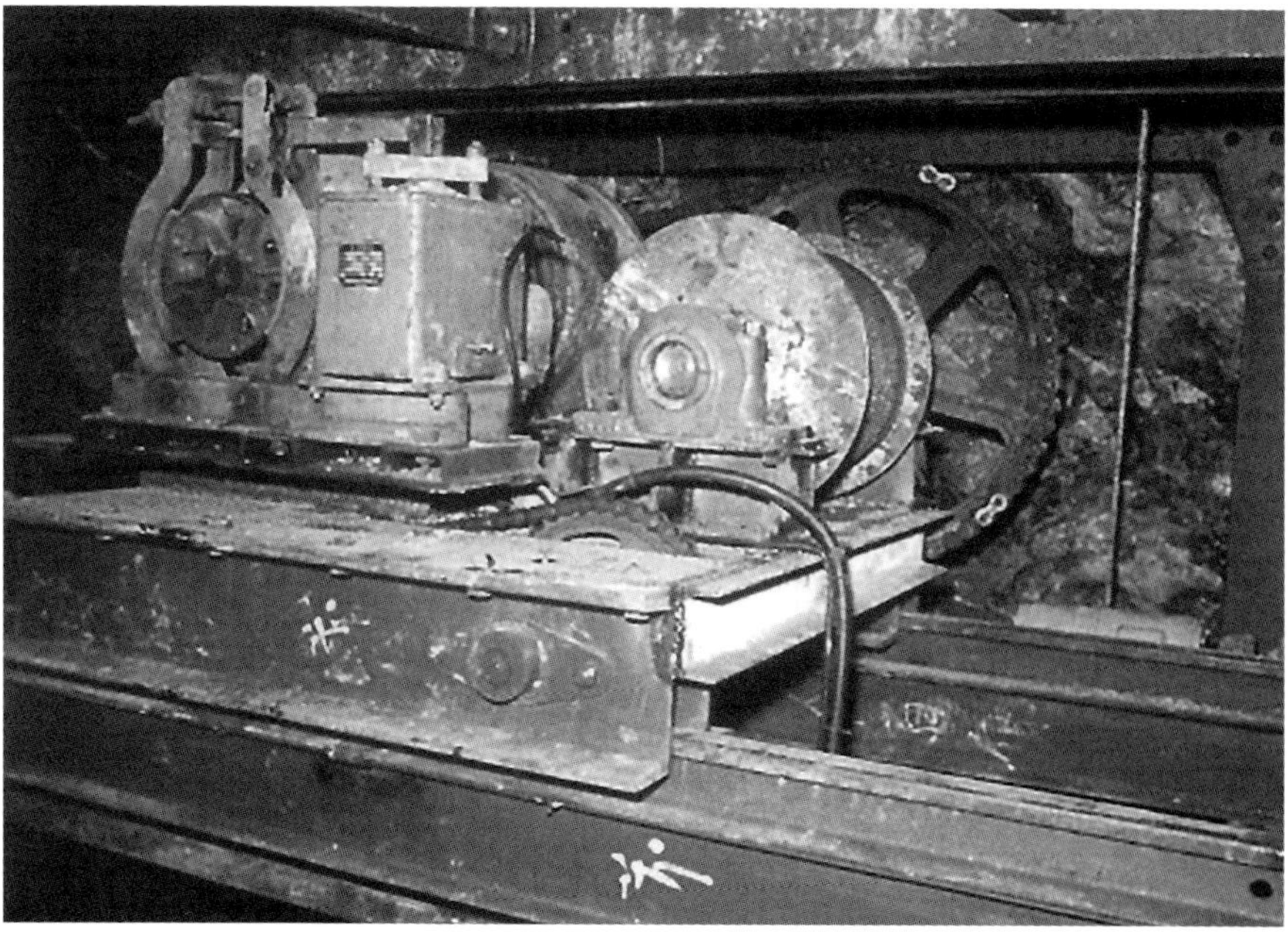

スカフォード内に設置されたエアモーター。

スカフォード内に設置されたエアモーター。

スカフォード内に設置されたエアモーター。

スカフォード内にグライファ（ズリつかみ）が見える。

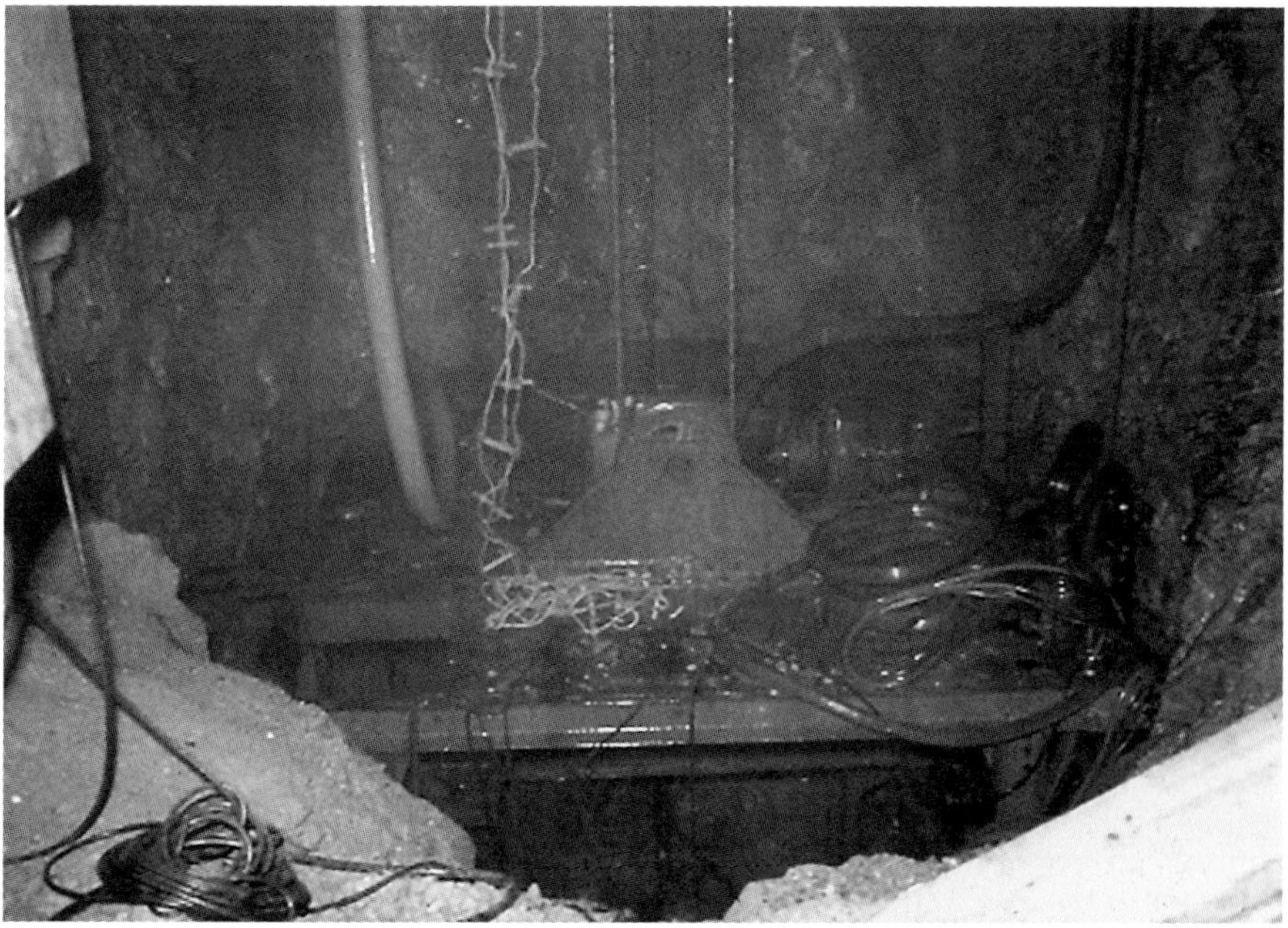

スカフォードの上蓋。上から縄ばしごが下がっている。

キブルに乗って下降し、作業に向かう。

グライファ（ズリつかみ）でズリをキブルに積み込む。湧水が雨のように降り注ぐ。

合羽を着てグライファを運転し、ズリをキブルに積み込む。過酷な作業だ。

グライファはコンプレッサーからの圧縮空気で開閉させる。

キブル一杯のズリ。積み込みが完了した。作業員にも笑顔がわく。

空のキブルが到着し、次の作業に移る。実車のキブルは巻き上げられる。

キブルがシンキングシュートに到着した。

実車キブルがスカフォードを通過した。

キブルに積まれたズリをシンキングシュートに投入しているところ。

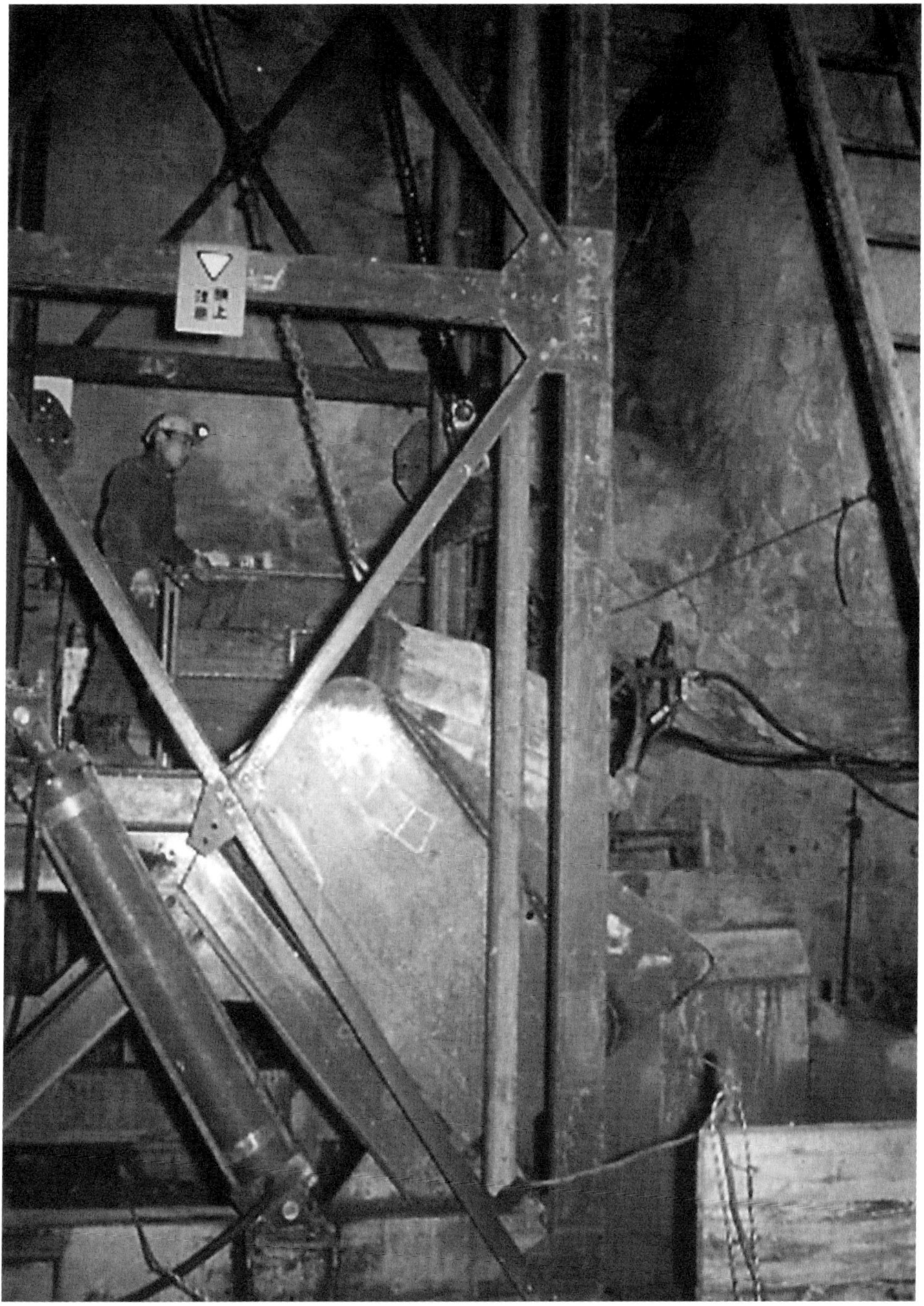


キブルのズリを投入完了。

作業員がキブルに乗って上がって来た。みんな笑顔だ。

現場事務所で図面を確認する、プロジェクトリーダーの堀さん。

サービス立坑掘下りチーム全員集合。すばらしき仲間たち。

完工式にて所長の挨拶を聞く。

完工式にて乾杯。苦労が報われる一瞬。

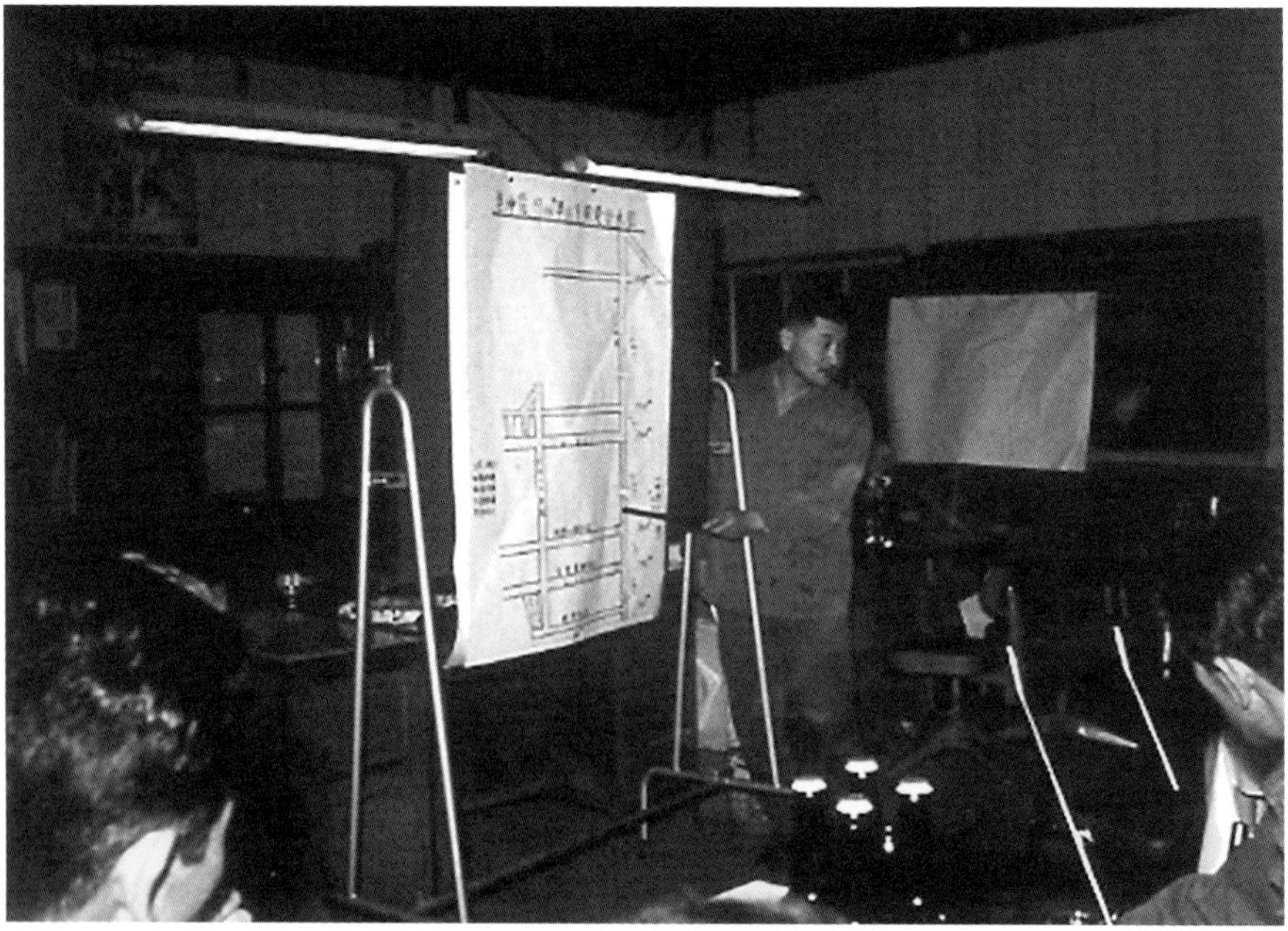

プロジェクトリーダーの堀さんが完成図の説明をしている。

# 秩父鉱山の記録写真

写真　渡部喜久治　他多数

渡部喜久治氏以外の写真提供者は各写真に記載しました。

本坑選鉱場と事務所。まだ建物が小さい。（山崎チヅカ氏提供）

社宅群、学校方面から撮る。（品川正氏提供）

選鉱場と事務所。（山崎チヅカ氏提供）

索道の小森中継所。男達の中に歌舞伎の黒沢助男さんの姿がある。　（湯本賀久氏提供）

鉱山の事務所での写真。おそらく昭和初期のもの。　（湯本賀久氏提供）

昭和27年頃、塩沢付近にてトラックで七トンのボールミルを運ぶ勇姿。　（山口昭光氏提供）

ボールミルを運ぶトラックを後方から写した写真。　(山口昭光氏提供)

ボールミルなどの重量物は、このかぐらさん（手動ウインチ）で山道を運ばれた。

索道のポストを組み立てる男達。
（高野己之二氏提供）

完成したポストに登って勢揃い。
（高野己之二氏提供）

酒を飲むくらいしか楽しみがなかった。
当時の酒、トリスと山楽焼酎。（山口昭光氏提供）

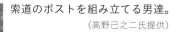

索道のポスト。高い方が大黒線のポストで低い方が中津線のポスト。　（高野己之二氏提供）

索道を点検する作業員。（山崎チヅカ氏提供）

元山索道出てすぐの所。（山崎チヅカ氏提供）

元山索道。原動所から出てすぐの所。（山崎チヅカ氏提供）

索道係の集合写真。右上に立っているのが山崎治太郎氏。（山崎チヅカ氏提供）

雪の山神様と一キロ索道。（山崎チヅカ氏提供）

若い女性達が鉱山に見学に来る事もあった。道伸窪坑1024m事務所。

外国からの視察もあった。これは地学学会の視察。

新藤英世氏、勤続二十年の表彰を受ける。表彰式の記念写真。　（新藤茂氏提供）

新藤英世氏、勤続二十年表彰式の後の宴会。　（新藤茂氏提供）

雁掛トンネル掘削工事中。　（山口昭光氏提供）

雁掛トンネル完成記念式典で作られた記念アーチ。　（山口昭光氏提供）

雁掛トンネル完成。本坑側の出口にて。（山口昭光氏提供）

鉱山で初めて使われたブルドーザー。山口組が使っていた。　（山口昭光氏提供）

ブルドーザーでズリを脇に寄せる作業をしている。　（山口昭光氏提供）

坑道の入口にて。

中津のリモ鉱床で褐鉄鉱を露天掘りする作業員。女性もいた。

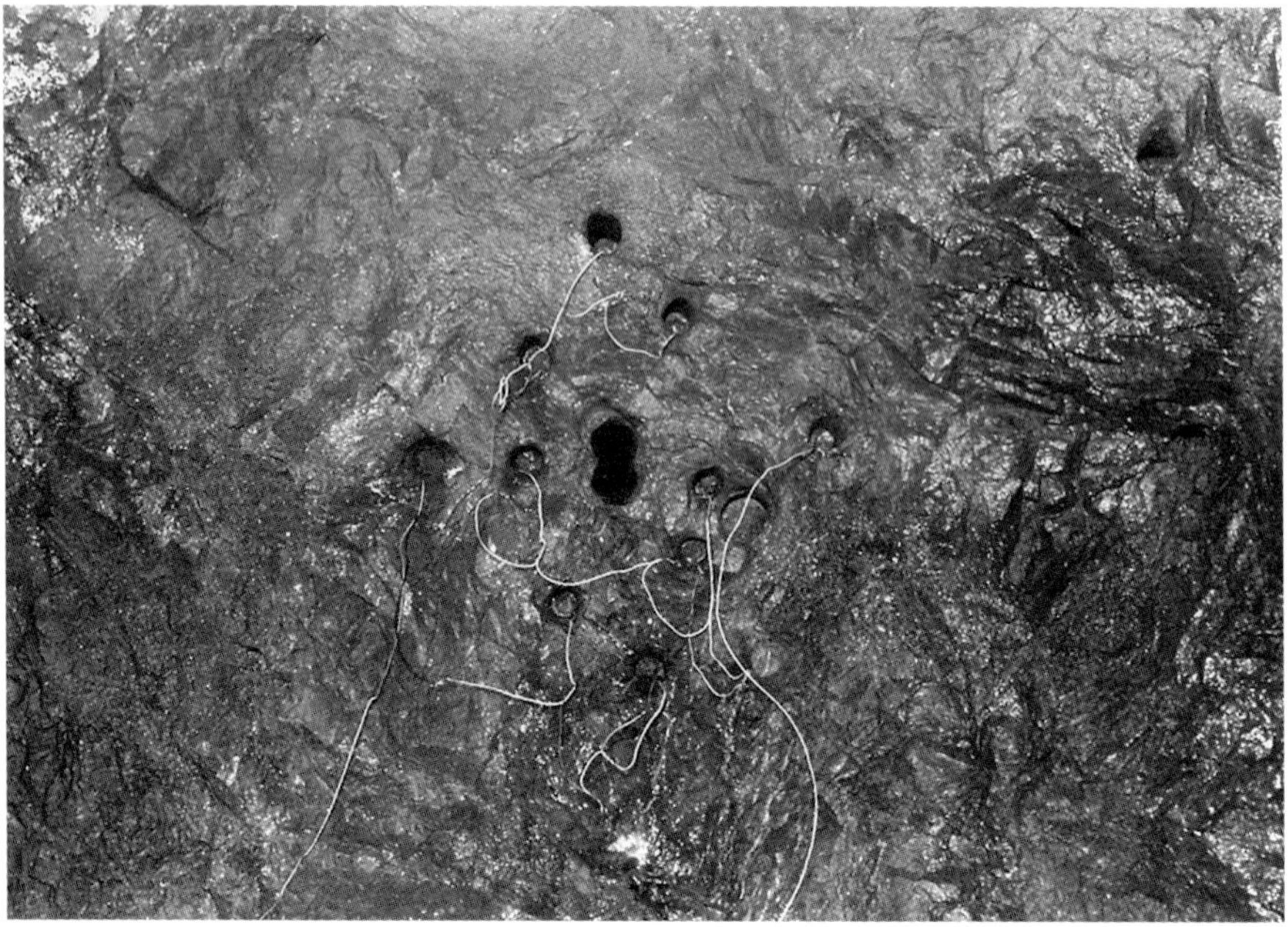

コロマントカット法によるさく孔と充填したダイナマイト。スエーデンの方式。

まず自由面を作り、そこに向けて時間差でダイナマイトを連続爆発させる。

一日一回、百本以上のダイナマイトで発破する。約２メートルくらい進む。

トロッコで運んだ鉱石を大黒坑オアービンシュートに落とし込んでいる。

大黒坑で働く人全員の集合写真。

何かの宴会か、手前にお弁当が並んでいる。

トロッコの軌道作り。昭和38年道伸窪1024坑にて集合写真を撮る。

坑内作業中の採鉱係員。

大黒坑でホッパーからトラックに鉱石を積んでいるところ。

鉱山街の風景。学校の後方、山の上から集会場方面を撮った写真。　（品川正氏提供）

手前が診療所、中程が集会場、後方に社宅が建っている。　（品川正氏提供）

毎日みんなが通った無料の公衆浴場。

左に山吹寮、中央下が診療所、上が集会場。橋を渡って入る鉱山街。

山神様から鉱山街を見おろす。

社宅と高い石垣。車が通るようになった鉱山街。　（山口昭光氏提供）

選鉱場に新しい鉄骨が組まれ、増築されている。　（田隝一郎氏提供）

鉄骨を組み上げている田隝鉄工の職人たち。　（田隝一郎氏提供）

選鉱場が新しくなった。　（山崎チヅカ氏提供）

斜め下から見上げた写真。　（山崎チヅカ氏提供）

こちらも同じ時期の選鉱場。　（山崎チヅカ氏提供）

中津集落奥の猿市にあった社員用アパート。ここからバスで通った。　（品川正氏提供）

山神祭の式典。山神様の境内で行った。菰樽が二つ奉納されている。

山神祭の歌謡ショーで歌う真木不二夫。毎年芸能人がやって来るのが楽しみだった。

（山崎チヅカ氏提供）

年に一度のクリスマスパーティー。集会場にて12月の第三土曜日に開催。（高野己之二氏提供）

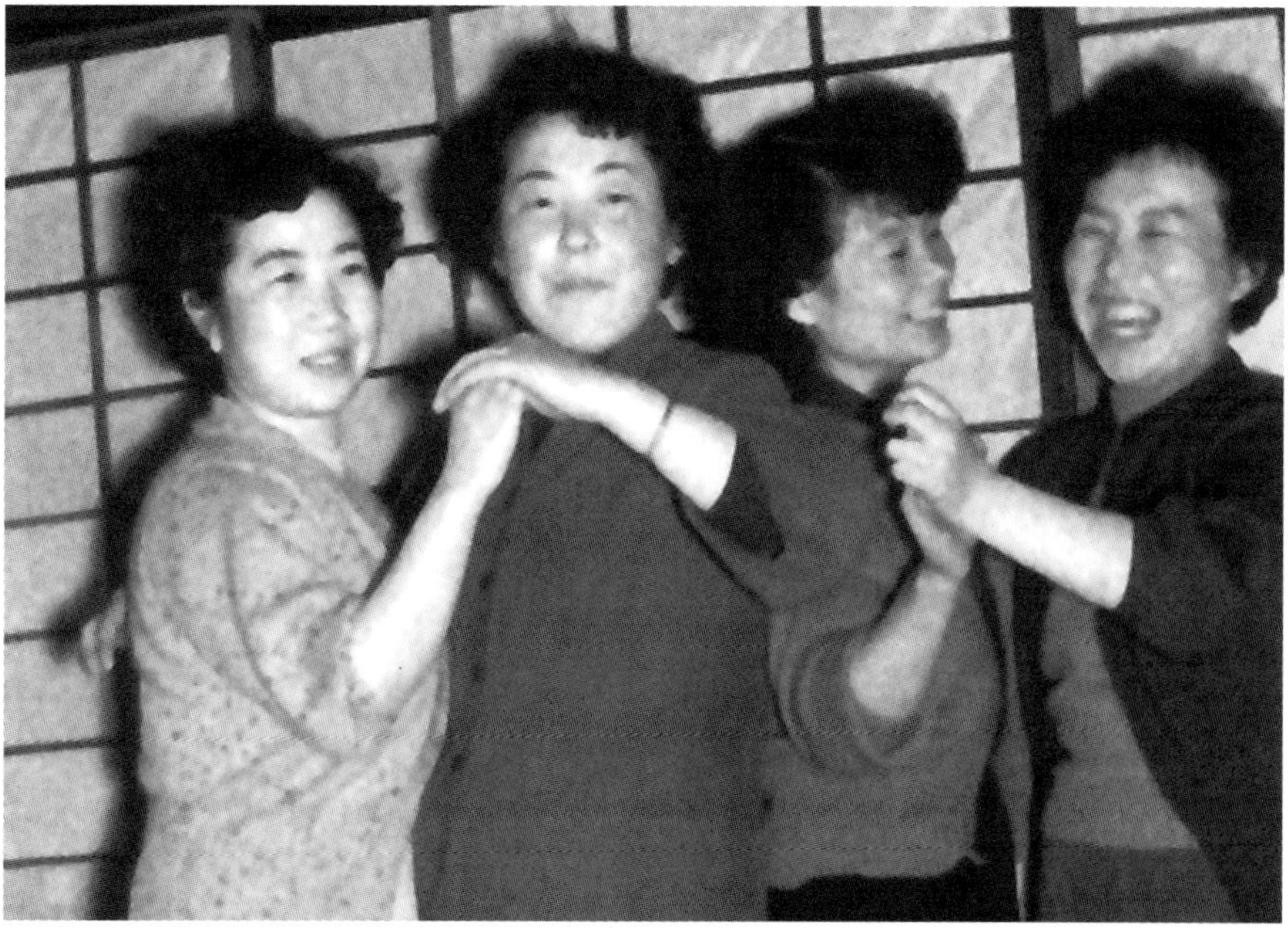

山吹寮の部屋の中でダンスの練習をしている女性たち。（高野己之二氏提供）

大雪の朝、第一合宿の前でスキーをして遊ぶ若者。

大雪の朝、第一合宿の前でスキーをして遊ぶ若者。

工作課の事務所前広場でバレーボールを楽しむ人たち。　（高野己之二氏提供）

工作課の事務所前広場でバレーボールを楽しむ人たち。　（高野己之二氏提供）

家族で川遊びを楽しむ。

（新藤茂氏提供）

選鉱場横のズリ捨て場、ズリの上で昼寝する女子鉱員。　(山崎チヅカ氏提供)

工事現場の日蔭で昼寝する女性作業員。　(山口昭光氏提供)

運動会の日、応援に行く本坑の若い衆。　（山崎チヅカ氏提供）

運動会、鼓笛隊を先頭に入場行進。

運動会、選鉱課の入場行進。

運動会、社旗を持って入場行進。

運動会、元気な鼓笛隊。

運動会、入場行進が続いている。

運動会、入場行進が続いている。

運動会、埼玉大学女子体操部員による模範演技。すばらしいマット運動。

運動会、埼玉大学女子体操部員による模範演技。みごとな平均台の演技。

運動会、玉入れ競争。

運動会、採鉱課の入場行進。勝ったチームは紅白の餅がもらえた。　（山崎チヅカ氏提供）

運動会、二人三脚の競争。

運動会、選鉱課応援の法被を着て。

近所の子供と。　（山崎チヅカ氏提供）

小倉沢小中学校。校庭で「文」の人文字を書いている。（山崎チヅカ氏提供）

小倉沢小中学校の古い写真。まだ山神様が学校の横にあったころ。（品川正氏提供）

工事現場の横を中学生が通学している。　（山口昭光氏提供）

完全防寒、冬服の子供。　（新藤茂氏提供）

セーラー服の小学生。　（新藤茂氏提供）

雪の日、薪を積んだ小屋の前で。（新藤茂氏提供）

雪の日、姉さんと。（新藤茂氏提供）

雪の日、ソリ遊びをする。（新藤茂氏提供）

昭和30年代。大黒坑の社宅下の広場でシーソー遊びをする子供たち。　（高野己之二氏提供）

大黒坑の前の川で水浴び。後ろは大黒坑から落としたズリ。　（新藤茂氏提供）

トンネルで遊ぶ子供。（新藤茂氏提供）

大黒の細い道は手すりがあった。（新藤茂氏提供）

消防団、郵便局下のグラウンドで点検前の訓練風景。昭和40年頃の写真。（高野己之二氏提供）

# 秩父鉱山の記憶

……様々な人の証言集

# 池田公雄さん（七八歳）

本社採用で採鉱課に勤務。その仕事と波乱の人生。

平成二十九年七月十二日、秩父市の池田公雄さん（七十八歳）に秩父鉱山で働いていた頃の話を聞いた。公雄さんは採鉱係ひと筋で働いて来た。当時の話は記憶をたどりながらのものだったが、貴重な経験の数々を聞かせてもらえた。

公雄さんは昭和十三年、佐賀県で生まれた。佐賀県立佐賀高等学校の採鉱・冶金科を卒業した。冶金とは、製錬を表す言葉で、当時少なかった鉱山関係の学科だった。佐賀を含め、北九州地方は炭鉱が多く存在したため、そのような学科があったのだという。

十八歳で住友炭鉱に入る予定だったのだが、実習も終えたある日、急に北海道へ赴任しろと言われて面食らってしまった。炭鉱の事しか知らなかったのだが、北海道に行くことは想定していなかった。そこで、鉱山なら同じようなものだろうと、日窒への就職を決めた。場所が東京に近いからというのが決め手だった。

十八歳のある日、父親に付き添われて東京に来た公雄さんはすぐに秩父行きを命じられた。汽車に乗り、山に向かって行く。秩父からは十名の仲間が一緒になった。同期入社の仲間で、熊本や秋田、北海道など全国から採用されて集まった男達だった。

会社の車で秩父鉱山を目指して走ったのだが、車がどんどん山の中に入って行くので段々不安になったとい

鉱山勤務当時の図面を見ながら仕事の話をしてくれた。

う。東京に近いどころではなく、途中からは地元民の言葉すらわからないような山奥だった。塩沢付近まで来た時は、さすがに「えらいとこに来ちゃったなあ……」という気持ちだったと笑う。

車は出合の先まで入り、トンネル工事の手前で止まった。全員ここからは山道を歩いた。本坑事務所まで約一時間の歩きだったという。ある程度地図などで見て覚悟はしていたが、これほどの山奥だとは思わなかったという。やはりまた「えらいとこに来ちゃったなあ……」という言葉がみんなからも出たという。

住まいは「鉱心寮」という独身者が集まる寮だった。学校の先生方も一緒で、五・六人の先生が一緒に暮らす仲間になった。

半年くらい教育を受け、大黒坑の採鉱係に配属された。大黒坑内での仕事は採鉱の保安だった。ここで一年みっちりと安全や保安について教え込まれた。毎日、寮から弁当を持って大黒坑に通った。通勤路は四十分くらいかかる山越えの道だった。

昭和三十三年、中津坑への配属が決まった。中津坑は昭和十六年から開発されている古い鉱区で、主に磁鉄鉱や褐鉄鉱が生産されていた。公雄さんが配属された時には山口組と尾林組が採掘をしており、保安指導は組の作業員に対して行うという形になった。

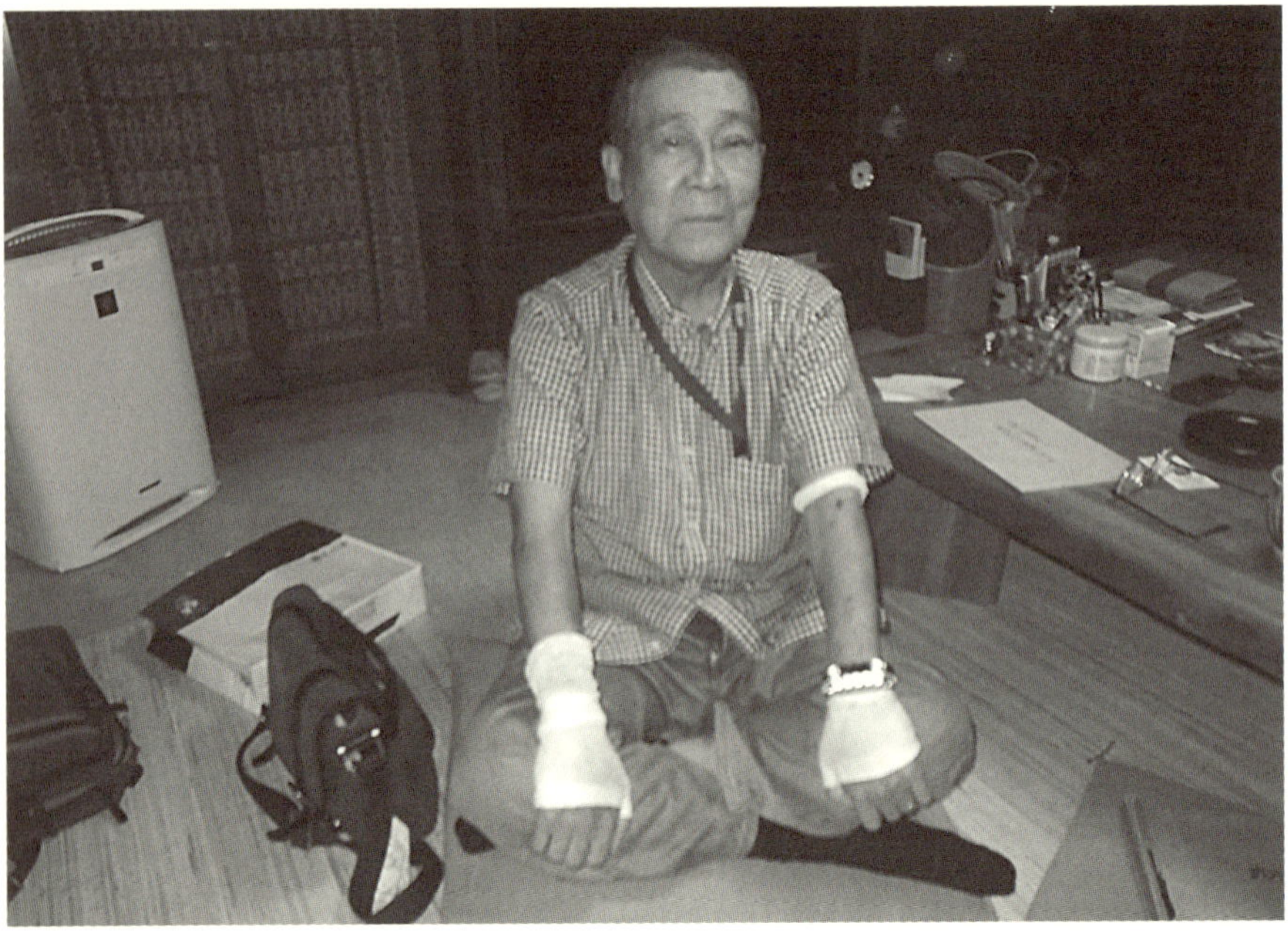

元気に昔の話を聞かせてくれた公雄さん。

通勤時間は更に伸びた。毎日二時間かけて山を越えて中津坑に通った。朝八時の始業に間に合うためには、毎朝六時に寮を出なければならなかった。

山口組が主にケービング法という自然崩落させる採掘法を使って褐鉄鉱を採掘していた。細かい砂状の褐鉄鉱で、一部では露天掘りも行われていた。

尾林組は岩盤の固い坑内をシュリンケージ法で磁鉄鉱を採掘していた。古い鉱区で坑道も細く、たぬき掘りと呼ばれる方法で掘るような坑道だった。狭い坑道は入って方向転換出来ず、そのままの姿勢で後戻りするような姿勢で出て来るしかなかった。明治や江戸時代頃の坑道跡もあちこちにあった。

山口組も尾林組も十人くらいの人が働いていた。組で採掘を始めたのは山口組が一番古かったのではないかと公雄さんは言う。それぞれ別の鉱区だったので双方が一緒に作業することはなかった。山口組の飯場は中津集落の幸島家近くにあって、そこから作業員が通っていた。

中津坑での公雄さんの仕事も採鉱の安全管理だった。朝八時の始業から始まり、夕方四時までの仕事だった。朝一番で行うのが組の責任者にいかにその日の作業を安全に行うかを話す事だった。組の責任者は五十過ぎの人で、二十歳そこそこの人間が指導するのだから大変と言

中津鉱山略図

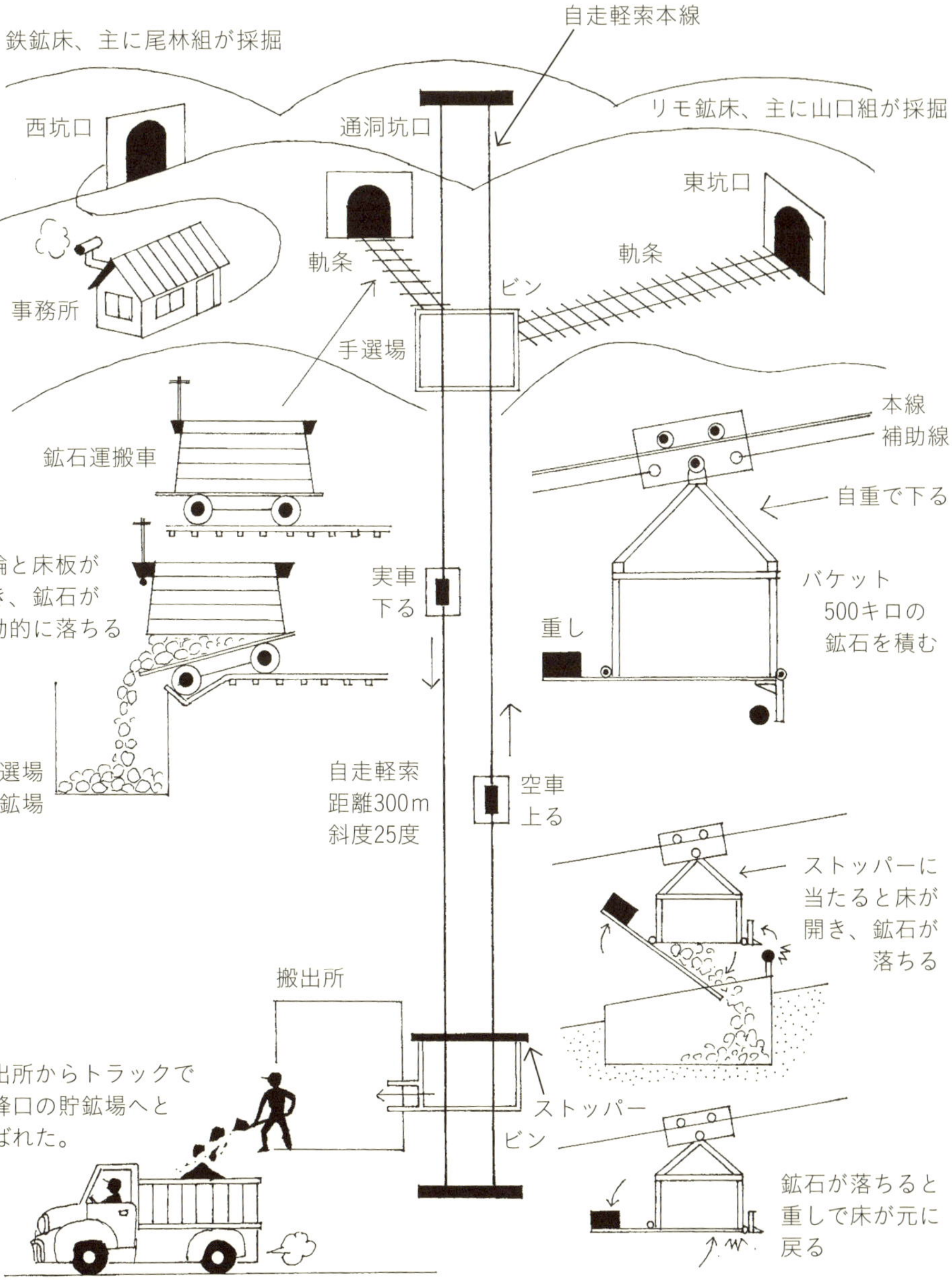
鉄鉱床、主に尾林組が採掘
自走軽索本線
リモ鉱床、主に山口組が採掘
西坑口
通洞坑口
東坑口
事務所
軌条
軌条
ビン
手選場
鉱石運搬車
本線
補助線
自重で下る
前輪と床板が
開き、鉱石が
自動的に落ちる
実車
下る
バケット
500キロの
鉱石を積む
重し
手選場
貯鉱場
自走軽索
距離300m
斜度25度
空車
上る
ストッパーに
当たると床が
開き、鉱石が
落ちる
搬出所
搬出所からトラックで
三峰口の貯鉱場へと
運ばれた。
ストッパー
ビン
鉱石が落ちると
重しで床が元に
戻る

中津坑のリモ鉱床で露天掘りをする作業員。女性もいた。

えば大変な仕事だったが、軍隊と同じで、命令は絶対だった。命令系統をきちんとしておかないと事故が起こるというのは本当で、若くても年上の人間に対して仕事の話はきちんとした。

ちゃんとすれば答えが返ってくるが、怒らせるような事を言うと後が大変だった。年輩の人達は色々な人生経験があるので、仕事以外でも話すようにした。組の人は強烈な個性の人が多くて、色々と勉強する事が多かった。

安全管理は発破・落石・転落の三つが予防すべき事故だった。幸いな事に公雄さんが担当した三年間にそうした事故は何も起きなかった。最も警戒したのは残留火薬の事故だった。残留火薬が爆発すると本当に大きな事故になったので、これだけは気を付けた。幸い、中津坑では残留火薬の爆発という事故はなかった。

中津坑には自走軽索が張ってあった。これは山口組と尾林組から出る鉄鉱石を麓まで運ぶ索道なのだが、積んだ鉱石の重さを利用して自分で運ぶというエコな索道だった（図参照）。中津坑の他にも四箇所くらいにこの自走軽索が設置してあった。

山口組の東坑口はリモ鉱床で採掘された褐鉄鉱が軌条で手選場まで運ばれた。尾林組の西坑口は鉄鉱床から採掘された磁鉄鉱が通洞坑口から軌条で手選場まで運ばれた。手選場でズリ（鉱石以外の石）を選別し、麓の搬出所まで自走軽索で鉱石を運んだ。軽索のバケットは二台で、五百キロの鉱石を積むことが出来た。この鉱石の重さで下るバケット。その重さで空のバケットが手選場まで引き上げられるという優れもの。二台のバケットが交互に下りたり上がったりした。軽索の距離は約三百メートルで斜度は二十五度くらいだった。

搬出所からトラックに積まれた鉄鉱石は三峰口の駅前まで運ばれた。公雄さんはトラックで製鉄所の溶鉱炉まで運んでいたというが、トラック運転手だった人の話では三峰口駅までだったという事だった。

公雄さんは中津坑で三年間働いた後、大黒坑に戻った。大黒坑での仕事も採鉱の保安・安全管理だった。この時代に大きな転機が来た。課長からお見合いの話があり、公雄さんは結婚することになったのだ。お相手は彦久保商店の娘でトク子さんと言った。公雄さん二十七歳、トク子さん二十四歳での華燭の典だった。

公雄さんはこの結婚を、採鉱課長からの強制結婚だったと笑う。彦久保商店の社長と課長が昵懇の仲だった。当時、鉱山にお店を出したかった彦久保商店の社長が課長に願い出て実現した結婚だったようだ。

結婚して三年間大黒の社宅で暮らした。このハネムーン生活で子供を授かった。しかし、幸せな親子生活は三年間で終わった。三年後、公雄さんは東京に転勤が決まり、子供と秩父に下りた。彦久保の家に入り、両親と子供との生活になった。トク子さんは鉱山に残り、彦久保商店の運営をしなければならなかった。鉱山の店を続けるしかなかったトク子さん。子供のために鉱山を下りたのは公雄さんの方だった。以来十五年間三人一緒に住むことが出来なかった。

公雄さんは大黒坑で二年間働いた後、赤岩坑の開発を担当した。大正坑の先に磁硫鉄鉱の富鉱体が発見されたのが昭和三十二年だった。探査係で働いていた渡部喜久治さんのグループがボーリングして発見した。古い大正坑の奥十五メートルだけボーリングしたところだった。探査係は、バンザイバンザイの大合唱だったという。そして再開発が始まった。公雄さんの仕事は採鉱の保安作業だった。

昭和三十七年から三十八年にかけては道伸窪坑の保安担当をした。その後上部道伸窪の保安担当をして、昭和四十二年くらいまで働いた。

昭和四十四年、公雄さんは東京本社勤務となった。当時、日窒の創業者だった野口尊氏の資産で設立された野口研究所で、日窒の鉄を加工する技術を研究していた。日窒の鉄は粉末状になっており、これが製鉄所などでは扱いにくいものだった。そこで、鉄を膨らませて油を含

公雄さんが東京へ転勤するときに開かれた送別会の写真。

ませる技術で「ペレット」という鉄を開発した。油を差さなくていいベアリングになるという画期的な技術だった。また、他にも鉄粉を利用して溶接棒を作る技術開発なども行っていた。粉末状の鉄を団粒状態に加工する技術も研究していた。

画期的な研究開発プロジェクトには日窒から六人くらいが参加していた。公雄さんは四年間くらい通ったが、最終的に会社を助ける技術開発が成功したとは言えなかった。

秩父から秩父鉄道熊谷乗り換えで銀座まで通ったが、途中で西武鉄道が開通したので西武鉄道池袋乗り換えで銀座まで通うようになった。

当時は学生運動華やかなりし頃で、銀座の本社に出社する時、催涙ガスの残臭で目が痛かった事を思い出すという。

本社でのプロジェクトが終了して大黒に戻った公雄さん。そのまま大黒坑で働いていたが、すでに鉱山は生産縮小が決まっていた。昭和四十八年十月、公雄さんは山を下り、日窒の社員が作った三扇土木に再就職した。長く続いた鉱山での仕事が終わった。

インタビューを終えて公雄さんに、秩父に来て良かったことは？　と聞いてみたところ、意外な答えが返ってきた。「水害がないこと」これは、生まれ故郷の佐賀で

今も元気なのはカラオケのお陰だと笑う公雄さん。カラオケは体にいい。

は毎年のように長雨や台風による水害があったので、秩父にそれがないことが良かったということだった。

また、佐賀といえば「葉隠」の里。先輩や上司からよく武士道や葉隠の話題が出たと昔を懐かしむ。六十歳くらいまで毎年佐賀に帰っていた。故郷を思う気持ちは強い。

息子がカナダに行ってしまった時は、もう帰ってこないかもと思ったが、帰って来てログハウスの仕事についた。孫が一緒に帰って来てくれたので張り合いがある。孫は女の子でクラシックバレーをやっている。孫の写真を見ながら笑う公雄さんの目は一段と細くなった。

公雄さんは七十歳の時に前立腺と肺に癌が見つかった。医師の説明書には重い病気だと書かれていた。しかし、七十二歳の時に始めたカラオケが良かったのか、七十八歳になった今も癌の進行は止まっている。今はカラオケでストレス解消とともに体調維持も行っている。楽しい仲間もいっぱいできて充実した人生を送っている。

## 山口昭光さん（六七歳）

山口組の鉱山での仕事と父山口泰之さんのこと。

平成二十九年四月二十四日、秩父の大野原に山口組の取材に行った。山口組は小鹿野町河原沢に生まれた山口能治氏が創業者で、埼玉県知事認可の建設会社だ。秩父鉱山（秩父では日窒鉱山と呼んでいた）で重機械の運搬、機械基礎工事、鉄鉱石採掘、道路工事、橋工事、擁壁や堰堤工事などなど多くの仕事を請け負い、その実績を元に会社の業績を伸ばしてきた。今は従業員七十名を越える中堅の建設会社となっている。山口組のピークは平成九年で、雁坂トンネル関係の土木工事で年間売り上げが四十九億円余あった。当時は百二十人もの社員がいた。

そんな山口組創業時の話を伺ったのは、現在同社常務の山口昭光さん（六十七歳）だった。山口昭光さんの父親は山口泰之さんといい、前述の山口能治さんの弟に当たる。山口組が鉱山の仕事をしながら建設会社として活動するなか、秩父に下りて会社の指揮を取ったのが能治さんで、泰之さんは鉱山に残って秩父鉱山・山口組の陣頭指揮をしていた人だった。

そんな父親の泰之さんがどんな人だったのか、当時の鉱山の様子はどうだったのか、子どもの目に映る鉱山の風景とはどんなものだったのかなどなど様々な話を聞かせていただいた。

昭光さんは当時をよく知る古参の社員、黒沢茂さん

黒沢さん

会議室で昔話に花を咲かす。

須藤さん

桜井さん

（七十七歳）須藤富雄さん（六十六歳）と、昔鉱山で働いたことがあるという桜井さん（八十八歳）の三人を呼んでいてくれて、取材はみんなで昔を思い出しながら様々な話題を語り合うものになった。

まずは昭光さんから頂いた能治氏が昭和六十一年に勲五等雙光旭日章を受賞した時の経歴を以下に記載する。創業者の経歴はそのまま山口組の経歴でもある。

山口能治氏の経歴

生糸商と雑貨商を併せ営む、父　善太郎、母　志ゅんの長男として、小鹿野町河原沢で産声をあげる。三田川村尋常小学校を昭和三年三月に卒業。病弱のため遠距離通学の必要がある高等小学校へは通えず、長瀞の親戚に預けられ、長瀞の高等小学校に通う。この転地が幸いし、徐々に体も健康になり家業を手伝うようになる。しかし、家業は蚕繭統制法の発令に遭遇し、生糸商としての将来性に不安を感じるようになる。その後、転職を決意して建設業への道に入る。

昭和一二年四月　個人営業にて土木請負業を創業

昭和二一年四月　事務所を秩父市熊木町に移転

昭和二四年一〇月　建設業法に基づく埼玉県知事登録

昭和二五年一〇月　乙種火薬類取扱い免許

昭和三九年四月　株式会社へ組織変更　代表取締役に就任

秩父市大野原の山口組本社ビル。

創業者　山口能治氏

現社長の山口敬善氏と常務の山口昭光氏。

昭和三九年八月　測量業法に基づく測量業者登録
昭和四七年一二月　建設業法の規定改正により特定建設業者認可
昭和四八年七月　工業標準化法の規定によりＪＩＳ規格許可（生コン）
昭和五四年四月　生コン部門を分離　㈱山口生コンを設立
昭和五九年六月　測量を主体とする系列会社　㈱ヤマホンを設立
昭和六〇年四月　㈱山口組　代表取締役会長に就任

この経歴にあるように昭和十二年には鉱山での活動が本格的に始まっている。昭和十二年といえば、前身の柳瀬鉱山会社より、日窒鉱業株式会社が秩父鉱山を買収した年でもある。山口組は日窒が秩父鉱山の営業を始めた年から共に歩みを進めてきたことになる。

インフラとなる道路工事、橋工事、擁壁工事、堰堤工事など鉱山が成長するにつれて仕事量も増え、鉱山の下請組の中では最大の規模を誇る組となった。しかし、その成長の道のりは順調なものではなく、様々な困難を乗り越えなければならなかった。

まだ車の入れなかった鉱山に機械や物資を運ぶのが最初の仕事だった。出合から四キロの山道は人がやっと通

鉱山の山口組をまとめていた山口泰之さん。会社からの様々な要求に対応した。

れるくらいの狭さで、ここをどうやって重い機械類を運んだのか……

昭光さんが言う。「昔の記録や写真が本当にないんだぃね。カメラなんか持ってる人もいなかったし、現場でそういう写真を撮るなんてこともなかったからねぇ……」

他で取材した人の話では、かぐらさんという手動ウインチともいえる道具を駆使して重機械類を運んだという。その話をすると「かぐらさんならあるよ。会社の倉庫にまだ置いてあるよ……」とのこと。たぶん、かぐらさんと滑車を組み合わせて使って重い機械を運んだのだろうということになった。

黒沢さんが言う「会長（能治さん）は、出来ないって絶対に言わない人だったよ……」工夫して全員の総力を結集して運んだ機械類が鉱山の基礎になった。それらの機械がなければ鉱山は機能しなかった。

山口組では牛を飼っていた。牛は赤岩坑での坑内運搬や出合から鉱山に荷物を運ぶために飼われていた。人力しか運ぶ手だてがない山道では貴重な動力だった。そんな牛に関して能治さんが言っていた事がある。これも黒沢さんの話だ。「牛はその日の天気で食欲が変わるんだぃ、晴れると、こきつかわれるから嫌だって食欲がねえんだけど、雨だと休めるからよく食うんだぃね、まっ

かぐらさん（手動ウインチ）、これで様々な重量物を運んだ。

当時、この山楽焼酎を一日の仕事終了後に、組員に配布していた。

昭和27年塩沢付近でボールミルを運搬している。

たく牛もよくわかってらぃね……」

他の取材で三頭から五頭の牛を飼っていたと言われているが、何頭飼っていたかなど記録はない。鉱山で唯一の牛舎は山口組が管理していた。

鉱山で一番大きい下請組だった山口組、宿舎も大きかった。二階建ての宿舎には所帯持ちが十世帯入っていた。廊下が玄関代わりになっていて、履き物は廊下に置かれた。単身者は別に飯場があり、集団で生活していた。飯場はいろいろな所にあった。工事によってどんどん飯場の場所も変わった。大黒トンネルを出て右側、変電所の所にも飯場があった。郵便局下のグランド横にも単身者住宅があった。十五人くらいが住んでいてテレビがあったのを黒沢さんは覚えている。

昭和三十三年の夏には大黒にあった飯場が台風の大雨で流されたことがあった。「お盆だから家に帰んなくちゃ……」と、本坑にあった宿舎から八丁峠を越えて家に帰った時は全身びしょ濡れだったことをよく覚えていると黒沢さん。大山沢の橋工事とトンネル工事で中津の方に飯場を作った事もある。ここは八人くらいが住んでいた。飯場は工事現場に合わせて移動することが多かった。

ここで、他の取材で聞いた山口組の中津坑での鉄鉱石採掘について書いてみたい。山口組が中津坑で鉄鉱石の

中津坑のリモ鉱床で行われていた露天掘り。

当時の工事現場写真。

採掘を始めたのがいつ頃かはわからないが、かなり昔から採掘をしていたという。昭和三十三年に中津坑の保安管理をしていた採鉱係の池田公雄さんの話だ。

山口組は中津坑の東坑口から入るリモ鉱床の褐鉄鉱を採掘していた。ケービング法という採掘方法で、砂状の褐鉄鉱を自然崩落させて回収する方法だった。

中津集落の幸島家近くに飯場があり、十人くらいの作業員が通っていた。朝八時始業で夕方四時には作業を終えた。中津坑では山口組の他に尾林組という組も採掘をしていた。尾林組は西坑口の鉄鉱床をシュリンケージ法で採掘していたという。二つの組が共同作業することはなかった。池田さんの話によると、山口組が組の中では一番古くから採掘をしていたそうだ。

採掘した鉄鉱石は軌条で手選場に運ばれた。ズリを選別後、自走軽索で麓に運ばれ、搬出所からトラックで輸送された。トラックも山口組のもので、三峰口の駅前の貯鉱場に野積みされた。三峰口駅から秩父鉄道の貨車で製鉄所迄運ばれた。

ここで採掘される褐鉄鉱には若干の銅成分が含まれており、青く変色する部分があった。製鉄所ではこの青化する成分を嫌い、何度も苦情を受けたそうだ。

また磁鉄鉱を採掘していた関係もあるのだろうが、磁力で時計が狂う事が多かった。本坑の電話交換台に「今、何時だい?」という問い合わせが中津坑からひんぱんにかかってきたという話も伝わっている。

昭光さんが覚えていることだが、組事務所では犬を飼っていた。グレートデンと土佐犬を飼っていた。他の組でも犬を飼っている人は多かった。猟犬ではなく、安全を考えて番犬として飼っていたようだ。

血の気の多い組員が多かったので喧嘩が多かった。酒を飲んですぐ喧嘩するような日常だったので、身の安全を守る為の犬であったかもしれないという。父親の泰之さんは温厚な人で、よく仲裁をしていたのを見ていた。喧嘩は主に組の内部でのものだった。特に喧嘩っ早い人が何人かいて、しょっちゅう喧嘩をしていた。組同士の喧嘩は大事になるのでやらなかった。組を思っての自制心はみな持っていた。

「陳先生にゃあずいぶん世話んなったぃね……」と黒沢さんが思い出すようにつぶやいた。陳先生は診療所の先生で名医だった。手術の腕はとても良かった。喧嘩や仕事上の怪我など、いつも陳先生に診てもらったものだった。賭け事も好きな先生で、今は沖縄に住んでいるという話だ。

鉱山・山口組の組長だった泰之さんの仕事は組をまとめることだった。血の気が多い人間をまとめるのは本当に大変だった。慰労には酒が欠かせなかった。仕事が終わると事務所で酒を配っていた。三楽のドライという焼酎の二合瓶を一人一本配って持たせた。それ以上の酒は自分で買ってもらった。酒は彦久保商店や供給所で買えた。酒の肴なども供給所で買った。

山口組には下請の組があった。中でも山本組や池原組は大きい組だった。当時は大勢の人が現場にいた。池原組などは六十人くらいの人を使っていた。他に金丸組という組もあった。金丸組は主に林道工事をやっていた。

「いろんな人がどうやって来たんだかわからないけど、ずいぶんたくさんの人がいたったぃねぇ……」と昭光さん。

飯場の飯炊きは組の母さんたちがやっていた。土間で五升炊きの大釜でご飯を炊いていた。いろいろな料理も作っていた。体力仕事なので、大きな弁当箱にいっぱいのご飯を自分で詰めて現場に出た。米三・麦七の割合で黒っぽいご飯だったが、みんな残さず食べた。

昭光さんは父の泰之さんが牛の頭をよく買ってきたのを覚えている。当時は牛の頭とか豚の足など普通に売っていて、それを煮て食べることも多かった。牛の頭の毛を焼き取って、ドラム缶でぐつぐつ煮て食べた。豚足も良く洗ってそのまま煮て食べた。牛の頭を煮たものは体力を使う人に人気があったようだ。ドラム缶以外にも大鍋があっていろんなものを煮て食べていた。

堰堤工事も数多く請け負った。

　黒沢さんの話。黒沢さんは十九歳の時に初めて鉱山に行った。十九歳から三十五歳くらいまで鉱山と秩父を行ったり来たりして仕事をしていた。仕事は道路工事や橋の工事だった。浴場前の橋をコンクリート式に作ったのは山口組だった。黒沢さんはその仕事もしている。中津では大山沢の橋とトンネル工事をやった。道伸窪のクラッシャーの基礎工事もやった。昭和四十三年ころだった。

「会長（能治さん）に、おう一週間べぇ行ってこい、って言われて行くんだぃね……」言われるとそのまま鉱山に向かった。山口組の鉱石運搬トラックに乗って鉱山に行った。一日に三往復しているトラックがあったのでいつでも乗ることが出来た。一日に一本のバスで行く事もあった。バスで大黒まで行き、山道を本坑の事務所まで歩いたものだった。

　当時は雨が降れば休みで、日曜でも働いた。休みの日はもっぱらサイコロばくちや花札で遊んだ。昼間から焼酎を飲み、サイコロばくちでチンチロリンをやるのがいつものことだった。茶碗でやるのだが、音が響くのですぐそれとわかったものだった。

　給料は安かった。一日三百円で月払い。当時はニコヨンと言って二百五十四円の日当が普通だったから、それよりは高給だったことになるが、それでも安いことには変わりない。給料が入ると秩父に下りて遊ぶ人が多かった。パチンコをやる人も多かったが、中には女遊びで、それこそ金がなくなるまで遊んだ人もいた。一週間に一度集会場でやる映画がみんなの楽しみだった。

中津林道の工事はほとんどが山口組の手になるものだった。もともと塩沢まではけっこう広い道があったのだが、そこから先が難工事だった。

山口組は出合からの道路工事もやっている。狭隘な渓谷を縫うように道を作る難工事だった。周辺の岩は石灰岩が中心で、もろく危険が多かった。この工事は何人も死者をだしていて、犠牲者の慰霊碑が道路沿いに建てられている。出合のトンネルは低くて狭かった。出合からの道路工事は大黒まで出来上がるのに三年かかった。

雁掛トンネルも山口組が掘った。発破をかけて岩石を爆破し、ズリを引き出す方法で一日二メートルくらいしか進まないトンネル工事だった。昼夜兼行で常に四・五人の作業員が働いていた。ズリは川にそのまま捨てた。四百メートルのトンネルを掘るのに何日かかったか正確なことは記録にない。このトンネルが出来た事で鉱山の交通事情が一変した。車が本坑に入れるようになったからだ。大黒からの山道を使う人は少なくなった。

雁掛トンネルは林道扱いになっている。トンネル内にパイプなどを通す必要があったので県道にしなかった。道路工事はその後も延伸し、鉱山街を抜け、八丁峠の方に進んだ。第一合宿手前の橋工事や擁壁工事も山口組がやっている。

昭光さんが見せてくれたアルバムがある。表紙には「金山線林道竣工記念」とある。表紙を開くと工事概容が記されている。以下その内容。

**工事概容**

1　工事ヶ所　起点、秩父郡大滝村大字中津川ヒラ平（大黒のこと）　終点、同　字赤岩

2　事業主体　埼玉県

3　施行者　秩父市大字大宮　山口組　山口能治

4　工期　自　昭和三四年八月　至　昭和三九年三月

5　延長及び工事費　延長三、六五〇m　工事費一〇四、二二〇千円

年度別実施状況

| | | |
|---|---|---|
| 三四年 | 八六四m | 二〇、二〇〇千円 |
| 三五年 | 九八七m | 二六、四八〇 〃 |
| 三六年 | 六一一m | 一九、〇〇〇 〃 |
| 三七年 | 二九七m | 一〇、三〇〇 〃 |
| 三八年 | 八九一m | 二八、二四〇 〃 |

6　最急勾配　一二％

7　最小曲線半径　一〇m

8　主要構造物

1）雁掛トンネル
延長　三九九m
有効巾員　三、六m
内径高　四、五m
待避所延長　二〇m
勾配順　五%
コンクリート舗装厚　一〇センチ
コンクリート巻立（坑口）六m
工事費　二四、二七〇千円

2）橋梁　一〇橋梁
鉄筋コンクリートT桁橋五ヶ所
（雁掛橋、小倉橋、赤岩橋、道伸橋、峰張橋）
鉄筋コンクリート単純板橋五ヶ所
（無名）

3）練積堰堤（附帯工事）
堤長二三、五m　堤高六m　有効
貯砂量二二、〇〇〇立法メートル
工事費一、四一五千円

**金山線林道利用の概容**

本区域は埼玉県の西端、荒川の支流である中津川の上流地域に位し雄峰両神山と三国山を結ぶ標高一、七〇〇mの山系により群馬県と境している。

祝賀アーチ　金山線林道起点

祝詞奏上　雁掛トンネル出口

玉串奉奠　施工者　山口能治氏

林道起点　着工前

林道起点及び雁掛トンネル入口　完成

当該路線の岩石切取りは対岸または附近に人家が多いため、発破時の飛石を防止するため、金網を張り家根には組梁をのせて危険防止を行いつつ工事を進めた。

飛石防止金網工及び粗梁工

雁掛トンネル入口の金網工

雁掛トンネル工事施行中
ロッカーシャベルによるズリ掃き（約一五〇m附近）

雁掛トンネル入口巻立施行中

トンネル掘削完成近し　約二〇〇m附近

雁掛トンネル入口　完成

小倉橋着工前

小倉橋完成　上流から見たところ。

小倉橋完成　下流から見たところ。

堰堤
貯砂量
二二、〇〇〇
立法メートル

ブルドーザーによるズリの掻均し作業。

社宅街の道路

完成した小倉橋　下流から見たところ。

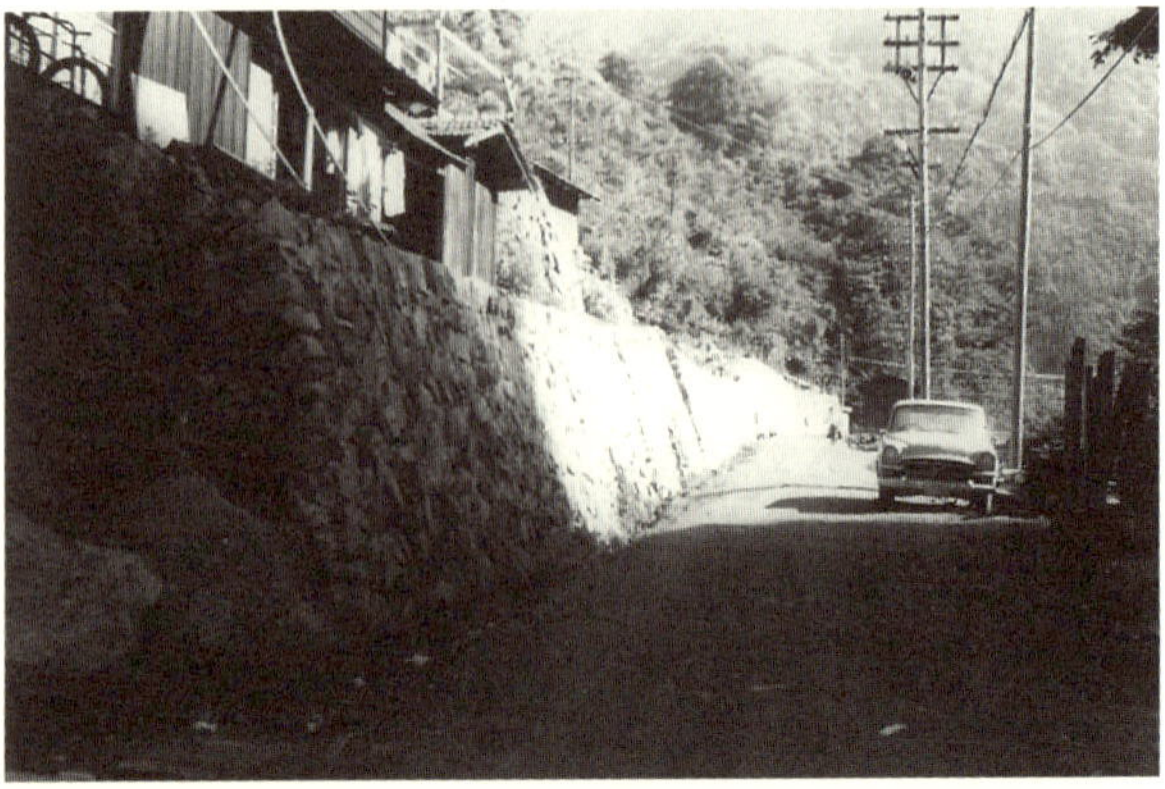
道が広がり車が走れるようになった。

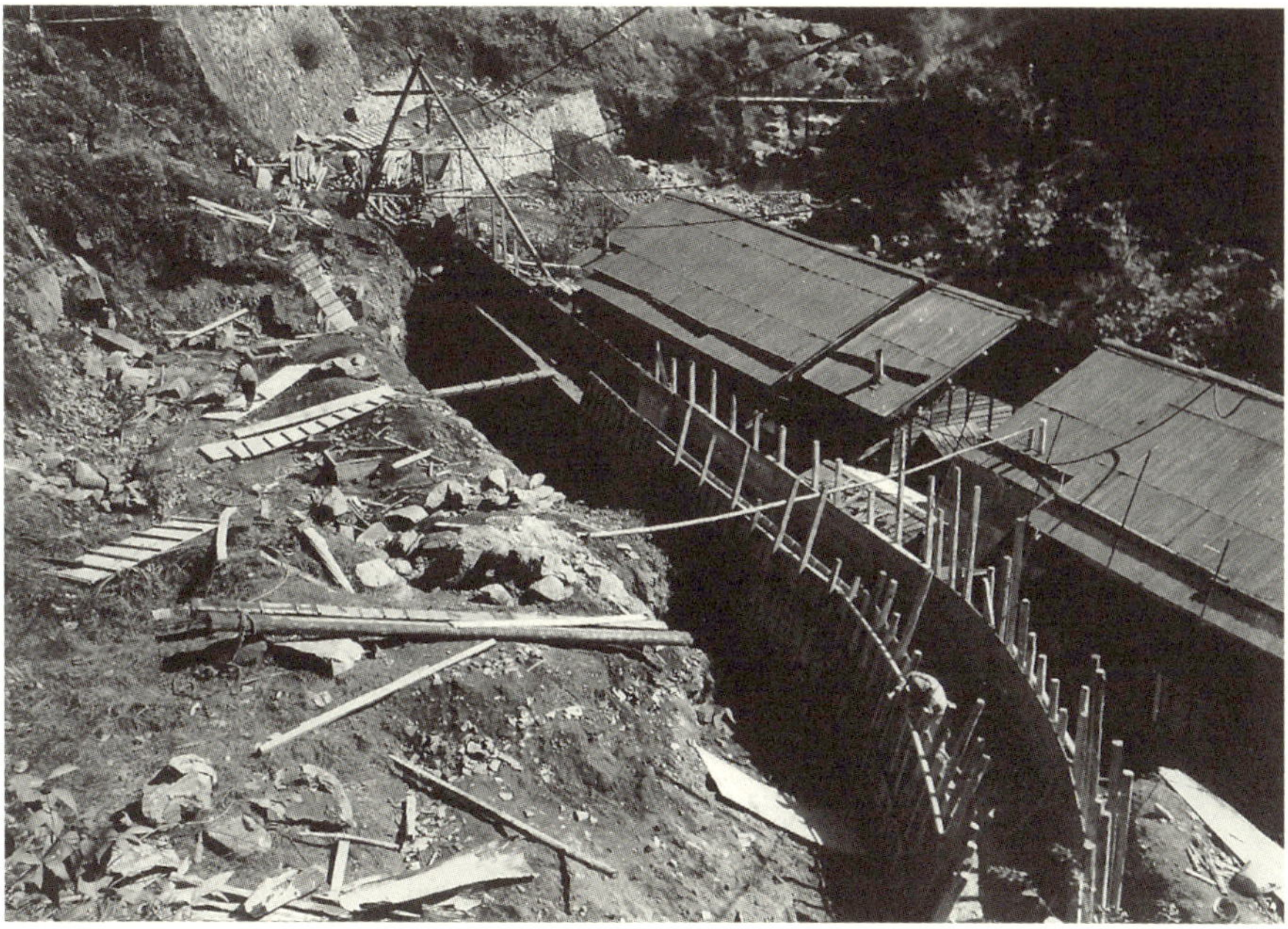

よう壁施工中（三七年度）

よう壁着工前

よう壁完成

雁掛トンネル出口

三八年度施工ヶ所

三六年度施工ヶ所

三七年度施工ヶ所

切り通し工事

よう壁工事

道路工事

よう壁工事

道路工事

林道終点　完成

林道終点　着工前

三六、三七年度施工ヶ所の一部　第一合宿附近

橋の工事も多く請け負った。

橋脚の工事

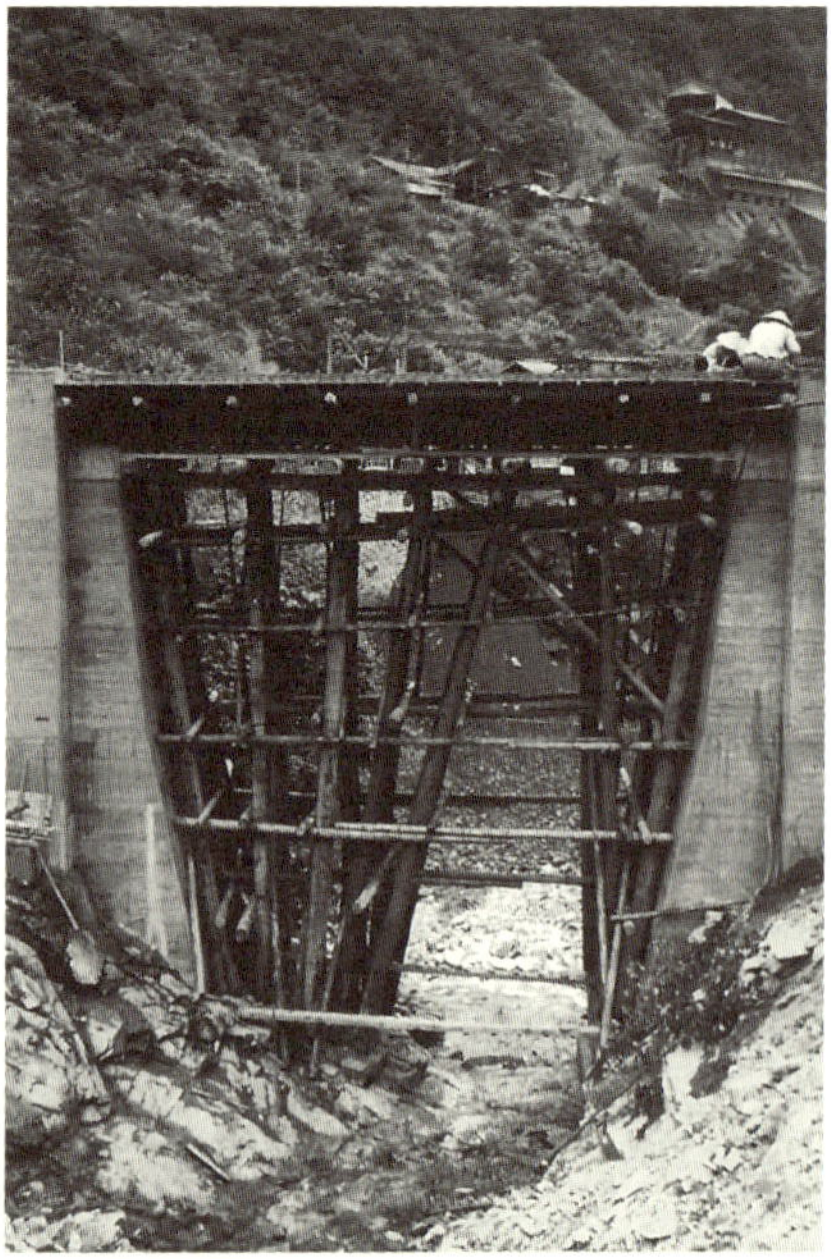

橋脚の工事

利用区域は県有林、民有林、国有林あわせて七四七ヘクタール、蓄積四五、〇〇〇立法メートルの森林の開発利用と、育林その他施工の合理化並びに地元鉱業の発展等地域産業の開発、振興に寄与すると共に秩父多摩国立公園の繁栄に一灯を揚げるものである。

転載したアルバムを見ているだけで、この林道工事が大変な工事だったことがよくわかる。鉱山の基幹線であった金山線林道が完成することで鉱山の交通事情がまったく変わった。この林道が完成した事で本坑に直接車が入れるようになったからだ。まさに待望の工事完成だった。

鉱山のことで昭光さんがよく覚えていることがある。第一警備の山中さんと遊んだことだ。山中さんは、当時小学低学年だった昭光さんに釣りを教えてくれた。父の泰之さんと親しかった山中さんはよく組事務所にも遊びに来ていた。そんな山中さんは釣り好きで、よく昭光さんを釣りに連れて行ってくれた。

奥山の渓流釣り。狙うのはヤマメやイワナだった。川の中の石を持ち上げて川虫を捕り、大きな草の葉に並べて二つ折りにして保管した。竿は繋ぎ竿で中津の川や大山沢、六助の沢に出かけた。出合までの神流川は選鉱場からの赤茶色の濁り水が入っていて魚はいなかった。中津ではヤマメが、大山沢や六助沢ではイワナが釣れた。小学低学年での渓流釣りは山中さんの指導もあって楽しいものだった。昭光さんは当時を思い出して懐かしそうに話してくれた。「山中さんには本当によく遊んでもらったんだぃね……」「中津川の河原に天然のワサビがいっぱい出ていて、よく採ってきたもんだったよ……」

昭光さんは昭和二十四年生まれで秩父市内羊山のふもとに住んでいた。札所十三番の幼稚園に通っていたのだが、父親が鉱山にいることもあって、鉱山と秩父を行ったり来たりするようになった。秩父の事務所は当時熊木町にあった。一階が事務所で二階が宿舎になっていた。宿舎には七～八人の単身者が住んでいた。車も置けたのだが、徐々に手狭になり、昭和四十七年に大野原に移転した。

昭和三十四年頃、大黒から四キロの山道をジープで本坑まで走った人を見たという。狭く細い山道をスイッチバック方式で走りながら登って行ったのはすごい光景だった。また、現社長の山口敬善さんは八丁峠の峠道をスポーツカブというオートバイで鉱山まで行ったという。昭光さんはスポーツカブで武甲山に登ったことがあるという。当時の最先端移動手段だったのだろうが、すごい事をやる人達がいたものだ。

昭光さんが「これが当時の写真なんだぃね……」と出

してくれた写真がある。昭和二十七年に選鉱場で使うボールミルを運搬しているトラックの写真だった。巨大なボールミルがトラックの荷台にワイヤーで固定されている。塩沢集落で撮った写真のようだ。ボールミルの重さが七トンと書いてある。

この写真を見ながらみんなで額を寄せ合った。「七トンの機械をどうやって鉱山まで運んだのかねぇ?」「出合までトラックで運んだとして、その先は昭和二十七年じゃあ、山道しか運べねえよなぁ……」「そっから先はどうしたんだぃ?」「さあ?」「わかんね……」

すごい仕事を請け負っていたものだと思う。七トンもある巨大な鉄の塊、四キロの山道をどうやって運んだのか。建設のプロにも想像つかないようだった。

黒沢さんが会長と呼んでいる能治さんの事を話してくれた。「会長は厳しい人だったよ。人前で褒めることはなかったぃね……」本人に向かって褒めることはなかったが、他の人の前で褒めた。それが人づてに「お前、会長に褒められてたぞ……」と伝わってきたものだった。「挨拶する手間があったら仕事をしろ」というのも口癖だった。挨拶をして顔色をうかがったりすると「おてんたらぁ言うな、早く働け!」って怒られた。「地震・雷・火事・親父(能治さん)だったいねぇ……」と会長を懐かしむ。

能治さんは新しいことをすぐにやる人だった。そして機械が大好きな人だった。応接室に掛けてある額にブルドーザーの写真がある。「秩父で一番早く買ったブルドーザーだぃね、これで道路工事やズリの寄せなんかをやったんだぃね……」と昭光さんが説明してくれた。

こういう先進の発想があったからこそ、山口組は発展してきたのだと思う。鉱山での工夫や経験が他の仕事で生きたと言えるかもしれない。四つ違いの兄弟、厳しい能治さんと温厚な泰之さんが力を合わせることで、様々な難局をくぐり抜けて来たのだと思う。

山口組は昭和四十年頃から埼玉県の工事を請け負うようになった。志賀坂峠の林道工事やトンネル工事も請け負った。八丁トンネルの工事は三扇土木が担当し、山口組は林道工事を請け負った。鉱山は昭和四十七年に経営縮小となり、下請の組は仕事がなくなり山を下りた。山口組は最後まで片付けなどもして、昭和五十年に泰之さんも山を下りた。最後の最後まで鉱山で働いた組だった。

鉱山で山口組が初めて使ったブルドーザー。

# 田隝一郎さん（七三歳）

田隝鉄工として鉱山でやってきたことなど。

平成二十九年六月九日、秩父市内に田隝一郎さん（七十四歳）を訪ねた。訪問の目的は、秩父鉱山で田隝鉄工が行っていた仕事の事を取材するためだった。

一郎さんの父、田隝徳三さんが鉱山の仕事を請けたのは、沈殿池の汚水処理タンクの仕事が最初だった。市内熊木町の風間製作所が最初に話を請けたのだが、風間製作所はサイロの製作は、あまりやった事がなかったので田隝鉄工に話が回ってきた。一郎さんが十七歳の時のことだった。以来、秩父鉱山の鉄の加工に関してはすべて田隝鉄工が請ける形になり、急に秩父鉱山関係の仕事が増えていった。

以下、一郎さんの話。

最初は沈殿池の汚水処理タンクの仕事だったぃね。俺が十七のころだったかな。設置まで見に行ってたよ。ロート状の形で、でかいもんだったよ。シックナーのタンクなんかも作ったね。

俺は十六の時に運転免許を取ったんだけど、その頃は小型自動四輪という免許があってね、夏休みにおふくろから教習料を八千円貰って東松山の教習所に一ヶ月通って取ったんだぃね。そんな事で休みの時は運転を手伝っていたんだよ。

日野田の工場で作って、丸通のトラックで運んだん

一郎さんが乗っていたトヨエース。

右下、田隝徳三氏。昭和17年サハリンにて。

だぃね。うん、他の製品もみんな日野田の工場で作って運んだよ。鉱山の鉄ものは全部うちでやったんじゃないかな。索道の搬器や索道のポスト支柱の鉄材加工なんかもやってたね。ちょうど木製から鉄製に切り替わる設備投資の時期だったんで、いろいろな仕事があったよね。

索道の支柱（ポスト）を鉄製に替えるとワイヤーを張り直す必要があったんだけど、いきなり太いワイヤーは張れないんだぃね。最初は細いワイヤーを、そうだいねぇ六ミリくらいのワイヤーを張るんだぃね。

五十メートルくらいを束にして担いで何人もの人が一列になってワイヤーを運んだんだよ。その時にさぁ……、俺も驚いたけど、浦和の刑務所の囚人が二・三十人連れてこられて働いていたことがあったねぇ。ありゃぁびっくりしたよ。どういう関係なんかねぇ……。

鉱山の仕事に関しては、組の人は一段低く扱われてたから大変だったようだぃね。うちはどういう訳か外注扱いだったんで待遇は良かったよ。宿舎も食事も鉱山から割り当てられて、飯なんか食い放題だったしね。第一食堂でお代わり自由だったんだ。

仕事の後は酒を飲むんだけが楽しみだったねぇ。俺は昭和三十七年から四十四年の七年間くらい鉱山に通ったんかな。鉱山の最盛期だったんじゃないかねぇ。

道伸窪の磁鉄鉱鉱脈が発見されて、お祭り騒ぎになっ

日野田の工場にて。

たんだぃね。秩父から二十人の芸妓を総揚げして、どんちゃん騒ぎをしたんだよ。マイクロバスで秩父から芸妓さんを運んだんだぃね。いい時代だったんじゃないかな。

日野田の工場では当時二十人くらいが働いてたね。昭和電工の仕事が中心だったんだけど、日窒の仕事も増えてきてね。タンクなんかは作った人間が設置しないと駄目なんで、よく鉱山に行ったよね。索道の搬器は千個くらい作ったんじゃないかな。

本坑のクラッシャーや鉄製の配管パイプなんかもうちで作って設置したもんだった。貯鉱場の鉄骨を作ったり選鉱場の鉄骨もうちでやったんだよね。貯鉱場や選鉱場の工事は仮設の索道を張って資材を運んだんだよ。

当時は鉱山の西村工作係長が中心になって設備投資の計画を進める流れだったね。西村係長とは九州の炭鉱まで出かけて、クラッシャーなんかの中古品の買い付けなんかも手伝っていたんだよね。設備投資の時期で、ゲージやエレベーターの鉄骨なんかもうちでやったんだ。

珪砂工場の仕事をやったときは寒かったのを覚えてる。外の気温がマイナス十七度まで下がるんだよ。夜になると生木が凍って裂ける音が響くんだよ。あれは厭なもんだった。ビシッって音がしてね。最初聞いた時は

昭和40年代、選鉱場の新しい建物の鉄骨を組む作業中。

びっくりしたね。他の人に聞いたら生木が凍って裂ける音だってことで驚いたよね。とにかく冬は寒かった。

水が凍るから炊事当番の人が苦労してたよね。現場仕事に出る前にウイスキーをコップ半分くらいきゅーっと飲んで腹を温めて出る人もいたよね。それくらい寒かった。

現場に機械類を運ぶときは、マイナス十五度まで使用可能の機械を持っていかないと凍って駄目になっちゃうんだから。

道伸窪の下の方で温泉が湧いたって騒いだこともあったね。ポンプであげて風呂に使った事もあったみたいだけど、いつの間にかなくなったようだぃね。

そういえば、珪砂工場に製品を納品したときに聞いたんだけど、珪砂って粒子が細かく角ばってるんで目に刺さるっていうことで校庭に撒いたものを撤去したこともあったっけ。校庭が白く明るくなるって事でやったみたいだったけど。

索道の支柱を鉄骨に替える作業をしていた頃の話だけど、納宮の索道の支柱をやってたんだぃね。落下防止の網を張って作業してたんだけど、山口組のトラックが網に突っ込んじゃった事があってねぇ、あれには往生したいねぇ。

鉄骨の組み立て作業。対岸の赤岩を望みながら。

全部が大変な仕事ばっかりだったね。若かったし、突貫工事が多かったもんだから一日十二〜十三時間くらい働いたなあ。毎月、第一週と第三週の日曜日が休みだったんだよ。第一週の日曜日が一日や二日だったりすると、後が長くなるんで厭だったたいね。後半が長いとつらいのはみんなおんなじだったね。毎週土曜日に集会場で映画をやるのが楽しみだったね。みんなそうだったんじゃないかな。

山口組の泰之さんは俺たちにとっては雲の上の人だったよね。俺もまだ二十代前半で若かったからね。泰之さんは温厚な人で、いつもニコニコして笑顔だったよ。いつも「何か食ってけ」って言われたんだよね。日窒の人も事務所によく寄ってたよね。山口組は本坑事務所から一番近い組事務所だったから、みんな仕事帰りに寄れたんだよね。一番近い事務所っていうことは、それだけ日窒から信頼されてたんだろうね。

※同席していた山口組の山口昭光さんが思わず口を挟んだ。

「親父は夕方必ず秩父の事務所に電話してたよね。あの頃はまだ呼び出しだから、二四七番お願いしますって言ってからしばらく待つんだよね。幼稚園のころだったかなあ、鉱山に行ったときによく見てたよね。宿舎に泊

鉄骨は日野田の工場で作り、軽索を組んで選鉱場まで上げた。

まったりしてたから……」

俺は高校の時に免許を取ったんで、車の運転がアルバイトみたいなもんだったんだよ。荷物を積んで鉱山に運んで、帰りは職人を乗せて帰ってきたんだよね。車がまだ珍しかった時代だったから、俺が運転するトヨエースが鉱山に入ると人だかりが出来たんだよ。

秩父鉱山の本にもうちのトヨエースが写ってるよ。この写真だいね。俺が行くようになった頃には雁掛トンネルが出来ていたから車が増えていたよね。道も広くなって良くなってたし。

池原組っていえば、組長と大げんかしたことがあったんだよ。池原組が橋の工事をしていて、もう完成近かったんだよ。普通に渡れるんで、索道のポスト用の資材を積んだトラックで橋を渡ったら、えらい権幕で組長が怒ってきたんだぃ。俺も若かったから「もう渡れるんだから渡ったたって良かんべぇ!」って言ったら組長が「日窒に引き渡すまでは誰のもんでもねえ、俺のもんだ！ばかやろう！」って凄い権幕で怒りやがる。まあ、あやまったんだけどさ。

そういえば、カーバイトのカンテラを点けて坑内に入ったことがあったねぇ。まだ電池になっていなくって、カーバイトだった。暗い灯りで、すぐ灯が消えたり

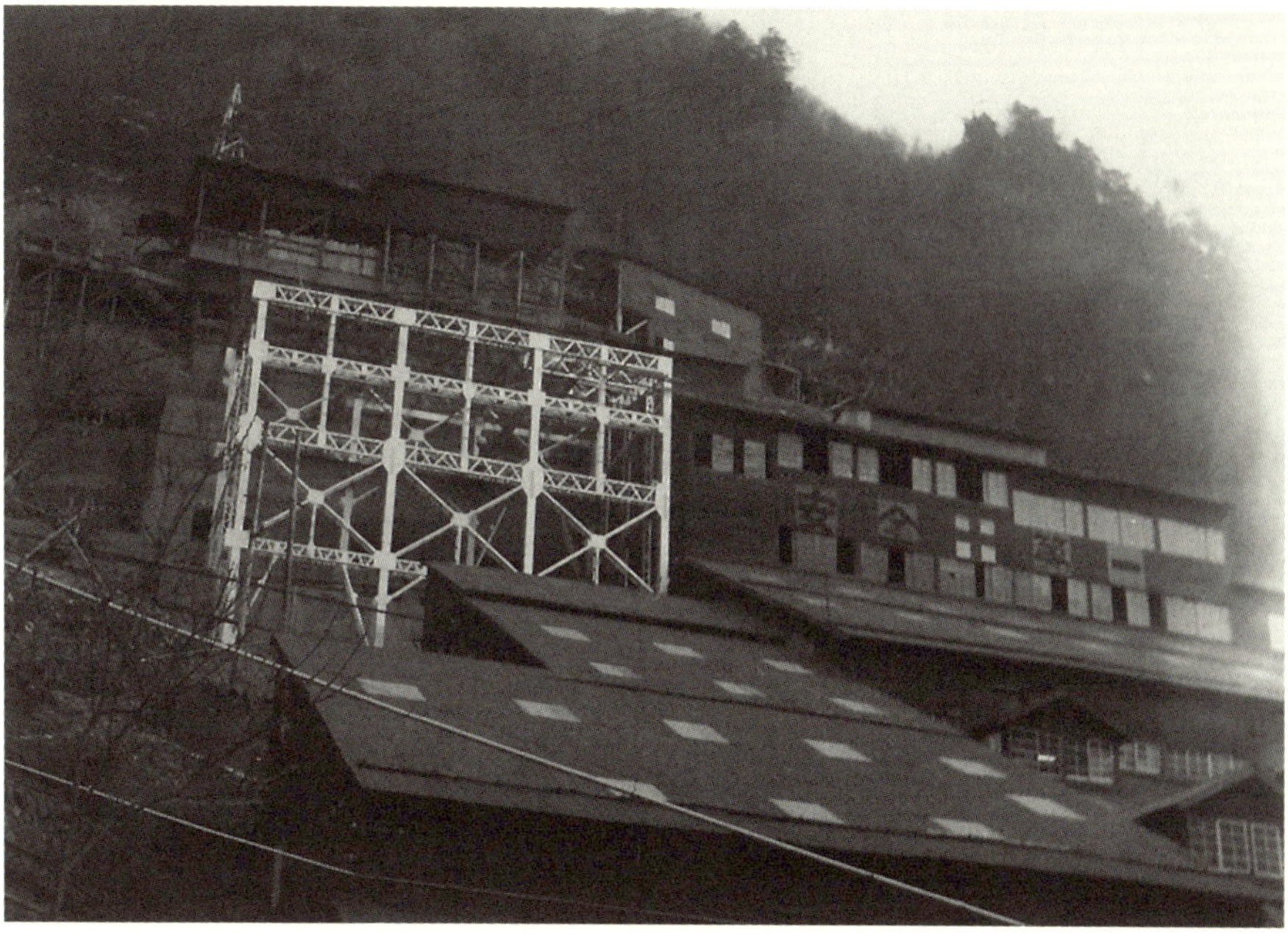

組み上がった新しい選鉱場の鉄骨。木工から鉄骨に変わる時代だった。

して、毎日坑内で作業する人はすげえなぁって思ったもんだったよ。

あそこはある意味、治外法権の場所だったね。冬は寒くて厳しかった。仕事は大変だったけど楽しかったね。若かったし、いろいろな事があったよ。

うちの若いのに今で言うイケメンの男がいて、よくもてたんだ。学校の女の先生が夢中になっちゃって大変だった事があったぃね。仲を取り持ってやったんだけど、その後どうなったんだか、よくわかんねえ。鉱山は女の人が少なかったんで、女の人にとっては天国だったんじゃないかなぁ。

けんかも多かったよ。酒を飲むだけが楽しみみたいな場所だったから。いつだったか宿舎で寝込みを襲われてウイスキーのビンで頭を殴られた事があるよ。こっちも若かったんで応戦して石垣から蹴り落としたんだよ。組の人だったけど、足を引きずりながら逃げてったよ。組の人の中には荒い人もいたねぇ。

小鹿野の赤ちょうちんの店まで、仕事が終わると八丁峠を歩いて呑みに行ってさあ、また一晩中かかって、もちろん歩きで寮まで帰ったら昼だったなんて話もあるよ。休みの前の日はいつもこうだったねぇ。すごい奴らだったよね。

魚釣りもやったねぇ。中津や六助の奥でイワナが釣れ

作業を休んで下の景色を眺めている作業員達。

たんだよ。

そうそう、道仲窪で落盤に遭うところだった事があったいね。俺らが出た直後に落盤があって、すごい水が出て、トロッコのレールが飴みたいにぐにゃりと曲がって凄かった。水の圧力ってのはすごいもんだった。危機一髪だったよ本当に。

鉱山への道が悪くって、よく車が落ちたんだよね。中津川林道さあ。道が細くてすれ違えないんで、トラックが来ると百メートルも細い道をバックしなけりゃならないんだぃね。そんな事もあったんだろうけど、よく車が落ちてた。バンパーが光るから上から見てよくわかるんだぃね。ピカって光るのを見て「ああ、また落ちてる……」なんて思ったもんだった。

大雪で帰れなくなった事もあるよ。夕方から降り出した雪がみるみるうちに六十センチも積もっちゃったんだよ。途中まで降りたんだけど、にっちもさっちもいかなくなってさあ、八人乗りのジープだったんだけど、そこに置いて歩いて山を下ったんだぃね。下から来た丸通のトラックに訳を言って乗せてもらって三峰口まで送ってもらったんだ。

その時は丸通のトラック二台と高原工業のトラック二台が雪で動けなくなったんだぃね。後で雪がやんでから

田嶋鉄工が得意としていた鉄の加工技術を使った製品。平成年代、日野田工場にて。

見に行ったら、丸通のトラック二台と高原工業のトラック一台が雪崩で川に落ちてたんだよ。うちのジープは落ちなくて残ってたんで良かったけど。まあ、雪崩ってのは怖いもんだねぇ。

一回死にかけた事もあるよ。索道のポストを鉄柱にする工事をしてた時だったんさ。地上から八メートルくらい上の足場で丸太を踏み外したんだよ。真っ逆さまに落ちたんだよね。ああいう時は本当に走馬燈のようにいろいろ頭の中を流れるもんだよ。ほんの何秒かの間だったんだろうけどね。「ああ、俺もこれで終わりかな……」みたいな感じだったよね。

二週間くらい意識不明で、鉱山の診療所じゃどうしようもなくて、皆野の金子病院に運ばれて、四ヶ月入院したんだぃね。あん時はさすがに『田嶋のせがれも今度ばかりは駄目かもしんねぇなぁ……』って言われたっつうよね。二十三の時だったよ。しばらくは後遺症で大変だったぃねえ。

選鉱場の左にある鉄柱のポストだった。今でもよく覚えているねえ。

# 山崎チヅカ さん（八七歳）

両親もご自身も鉱山で働き、結婚して下山まで。

平成二十九年五月二十七日、小鹿野町の山崎チヅカさん（八十七歳）を訪ね、鉱山の選鉱場で働いていた頃の話を中心に、昔の話を聞いた。

チヅカさんは小鹿野町の倉尾で生まれた。チヅカさんが三歳の時に、鉱山で働く事になった両親とともに鉱山に向かった。倉尾から牛首峠を越えて、飯田から河原沢と歩き、最後は八丁峠を歩いて越えて鉱山に入った。鉱山はまだ日窒の経営ではなく、柳瀬商工が経営している時のことだった。チヅカさんは一人娘だったが、三歳で背中におぶさって八丁峠を越えるという大変な旅を経験させられた。

父は山崎佐吉といい、柳瀬商工の採鉱夫として採用された。坑道の奥に分け入り、鉱石を掘り出す仕事についた。セットウという長いハンマーでタガネを打ち込み、鉱石を掘り出す仕事だった。まだ鉱山が動き出したばかりのころで、学校はまだ出来ていなかった。丸山束さんが最初に入った人で、息子の好則さんが最初の生徒だった。当時の学校は一軒の家が割り当てられ、そこで何人かの生徒が勉強していた。

ここに父の山崎佐吉さんが坑夫として取り立てられた時の出生免状の事を書いた文章がある。当時親分から認められて子分に取り立てられる事が坑夫として働く条件のようになっていた。晴れて子分となり、友子同盟に加入することが採鉱夫として働くために必要だった。友子同盟とは坑夫の共済組合のようなもので、給料から交際費を納める代わりに事故でもあった時は保険金を支給されるという健康保険の元祖のような組織でもあった。柳瀬商工の時代にはまだまだ昔の制度が残っていて、父の佐吉さんもその組織に加入することで仕事が安定した。

詳細は「秩父鉱山307ページ親分子分の盃」に記してあるので省略するが、当時の気分を表現するものとして、一部抜粋して掲載する。文章は昭和二十七年八月発行の掘進第三号、飯島英一氏によるもの。

以下抜粋文

ここに山崎佐吉氏が子分に取立られたときの免状があるから、その必要な部分だけ抜き書きして御披露する。恐らくこれはこの鉱山で最後の方の取立てではなかったかと思われる。むろん柳瀬の時代ではあったが。和紙の巻紙に二た尋もの長さで墨黒も鮮やかに書かれている。

坑　夫　出　生　免　状

一、親分　信濃国住人　　伊東豊太郎
一、子分　武蔵国産　　山崎佐吉
右之者平素専心職務ヲ勉励スルヲ以テ一統ノ確認スル所トナリ茲ニ於テ今回坑夫ニ加盟致サセ候也
　昭和十年八月三十一日

山例五十三條抜書申渡ノ事

出　山　入　山

四ツ留名前
向テ
左正面柱　天照皇大神宮
右　春日大明神
左二本目　八幡大明神
右　山神三神宮
左三本目　稲荷大明神
右　不動明王
布木ハ　薬師如来
　矢板三十六枚ハ矢ノ三十六童子ヲ形取者也
化粧木ハ神前ノ鳥居ノ表也
東国五百歳西国貳百歳
南国百歳北国北洲千歳
右ノ通リ祈念者也

鉱　法

一、金格子破ハ勿論指定外ヲ掘ル可サル事
一、留木根掘及危険ノ場所ヲ掘ル可サル事
一、鑿先取ル事及鑿角送ル可サル事
一、喧嘩口論致間敷事

出生條例

第一條　当鉱山ニ於テ出生ナセル坑夫タル者徳義ヲ重シ三年三月十日間ハ如何ナル事情アリト雖モ他ニ行キ義務ニ背ク可サル事
但シ自身又ハ父母ノ病気及徴兵適齢ニ相当シ止ムコト得請暇ノ場合ニ於テハ病気ハ医師ノ診断書ヲ要シ徴兵召集ニ付テハ通知ヲ以テ証明スベシ

第二條　当山ニ於テ出生ナセル坑夫タル者ハ平素能ク其職親ヲ父母ノ如ク敬ヒ貴ブベキモノニシテ毫モ不遜ノ挙動アル可サル事

第三條　職務ヲ軽蔑シ其道ヲ盡サス又懶情ニシテ職業ヲ怠リ脱走ヲナシ他人ニ迷惑ヲ掛ケ不義ノ所業有之時ハ直チニ免状取消シ之ガ云々ヲ詳記シ諸山諸工事各聯合交際所ニ通知シ其職業ヲ禁止スル事

第四條　坑夫ハ素ヨリ坑夫ニ則リ職親職兄死亡ノ際ハ必ズ石碑ヲ建設シ佛参ヲ営ミ其義務ヲ果スベシ

第五條　前條條に抵触シタル者ハ他山ノ立合ヲ要セズシテ整理人及世話方協議ヲ以テ免状取消シ之ガ処分ヲナス事

右ノ條々堅ク相守ル可申者也

目　録

一、親分　信濃国住人　　柳沢茂（印）
一、子分　武蔵国産　　高橋彦三郎

この連名は親分十一名、子分二十名、依母兄が一名、計三十三名が数えられている。捺印のあるのは親分だけで、子分は印が捺せなかった。なお、親分は何々国の住人と名乗れたが、子分は何々の国の産としか書けない。但し、親分の格式によったものか、親分でいても住人と言わず、何々の産と書いてあるものが二人あって、その子分は何々の国の出生と記されてあった。

この連名のうち、かつて大黒の探鉱係長であった大島滝市氏の名も見えている。柳瀬時代にこの山の恩人とたたえたい、大塩栄一の子分として入山して来た男であったが、今は高崎炭山にいるという。

次で立会人として浪人立合人何々国何某を筆頭に、隣山立合人として長野懸小県郡塩田炭坑の男が署名し、事務所立合人として今なお庶務に勤務している南佐仲氏の名があり、次で老母立合人（但し女ではなく男の人である）顔役立合人（このうちにこのやまの長老長谷川定次郎氏の名前があり）山中立合人、飯場立合人、自坑夫立合人、渡坑夫立合人、鍛冶屋立合人（このうちに納宮の現索道係長小坂盛長氏の名も見える）、自坑夫総兄分、

父、山崎佐吉さん。採鉱夫として働いた。

母、山崎トヨさん。

渡坑夫総兄分、鎚分何某、世話人何某、大工世話人何某と、恐ろしく多くの立合人が立会して、計二十三名、但しこのうちには、前記記名者と同一人の名前も記されていたが、どのみち、五十人を参る大勢の中で、衆人環視の中でこの儀式がおごそかに執り行われていたものと思う。

最後に、この免状は次の文句で結ばれている。

右之者諸山諸工事廻歴候共御交際アラン事ヲ伏而奉願上候也

埼玉懸秩父郡三田川村

秩父鉱山　　（印）（この印は柳瀬鉱業所印）

山中友子一統（印）（この印は埼玉懸友子の印）

大日本帝国　諸　山

諸工事　同業者諸彦御中

鶴　千　亀　万

以上、転載終了。

こうした雰囲気の中で鉱山の仕事が行われていた。父の佐吉さんは体格の良い人で、後に鉱山の仲間から「村長」と呼ばれた。その体格とちょびひげが呼び名の由来だったということだ。チヅカさんに言わせると「村長なんかじゃないさあ、博打が好きで損ばっかりするもんだから損の長って意味だぃね。村の長じゃあなくって損の

チヅカさん尋常小学校四年生の写真。磯田校長先生と黒沢先生が写っている。

長さあ」とのこと。チヅカさんは笑っていた。

熱いお風呂にも平気で入り、冷たい水を頭からかぶるような豪快な人だったそうだ。寒くても風呂上がりにパンツ一枚で家まで帰るような人だったという。

鉄砲撃ちもやっていて、ある時猿を仕留めて帰って来た。そのまま「これを料理しろ」と奥さんに渡したのだが、奥さんから「あたしゃ、やだ！」と怒られたという話も残っている。

チヅカさんは一年生の時河原沢の小学校に親戚の家から通っていたことがある。まだ鉱山に学校がなかった時のことだった。小学校の男の子たちにチヅカさんは石を投げられたりしていじめられた。学校に行けなくなったチヅカさんを親戚のおじいさんがひどく怒った。長い煙管（キセル）を持った怖いおじいさんだった。泣いて学校に向かったことを思い出す。

鉱山に学校が出来たということでチヅカさんは鉱山に戻った。いじめや怖いおじいさんから逃げられて、やっと子供らしい生活に戻る事ができたチヅカさんだった。

チヅカさんが小学校に入った時、六・七人しか生徒がいなかったのだが、六年生になるころは四十人くらいに増えた。鉱山にはどんどん働く人が増え、それにつれて子供も増えていた。教頭先生と男の先生が一人いて、二人で教えていた。

集団就職したのは蕨の沖電気。軍需工場で終戦間際に激しい空襲を受けた。

母はトヨといい、鉱山で働く人の子供たちの世話をしていた。今で言う託児所みたいなところだった。給食はなかったので、子供たちのご飯を作ったり、裁縫を教えたりしていた。

昭和十二年、チヅカさんが小学生時代に鉱山は柳瀬商工から日窒に経営が替わったが、父親はそのまま日窒に採用され、採鉱の仕事を続けた。日窒になって急にどんどん人が増え始めた。それから年々急成長する鉱山になっていった。

小学校は当時尋常小学校で六年まであった。卒業すると高等小学校に進んだ。こちらは二年まであったが、三年目は出ても出なくても良かった。チヅカさんは二年生まで終えたところで卒業して集団就職することになった。厳しかった家計を助けるために多くの子供たちが同じ道に進んだ。

二年を卒業した仲間で、男四人と女四人が一緒の工場に集団就職した。蕨市内の軍需工場が就職先だった。ねじ切りなどの仕事だったが、軍需工場ということもあり、仕事内容は家族にも話すことが出来なかった。

蕨の工場は軍需工場ということで、戦争が激しくなるにつれてアメリカ軍の爆撃を受けることが多くなった。焼夷弾がどんどん落ちてくる中を必死で逃げ回った。

蕨で終戦を迎えたチヅカさんはすぐに鉱山に帰った。

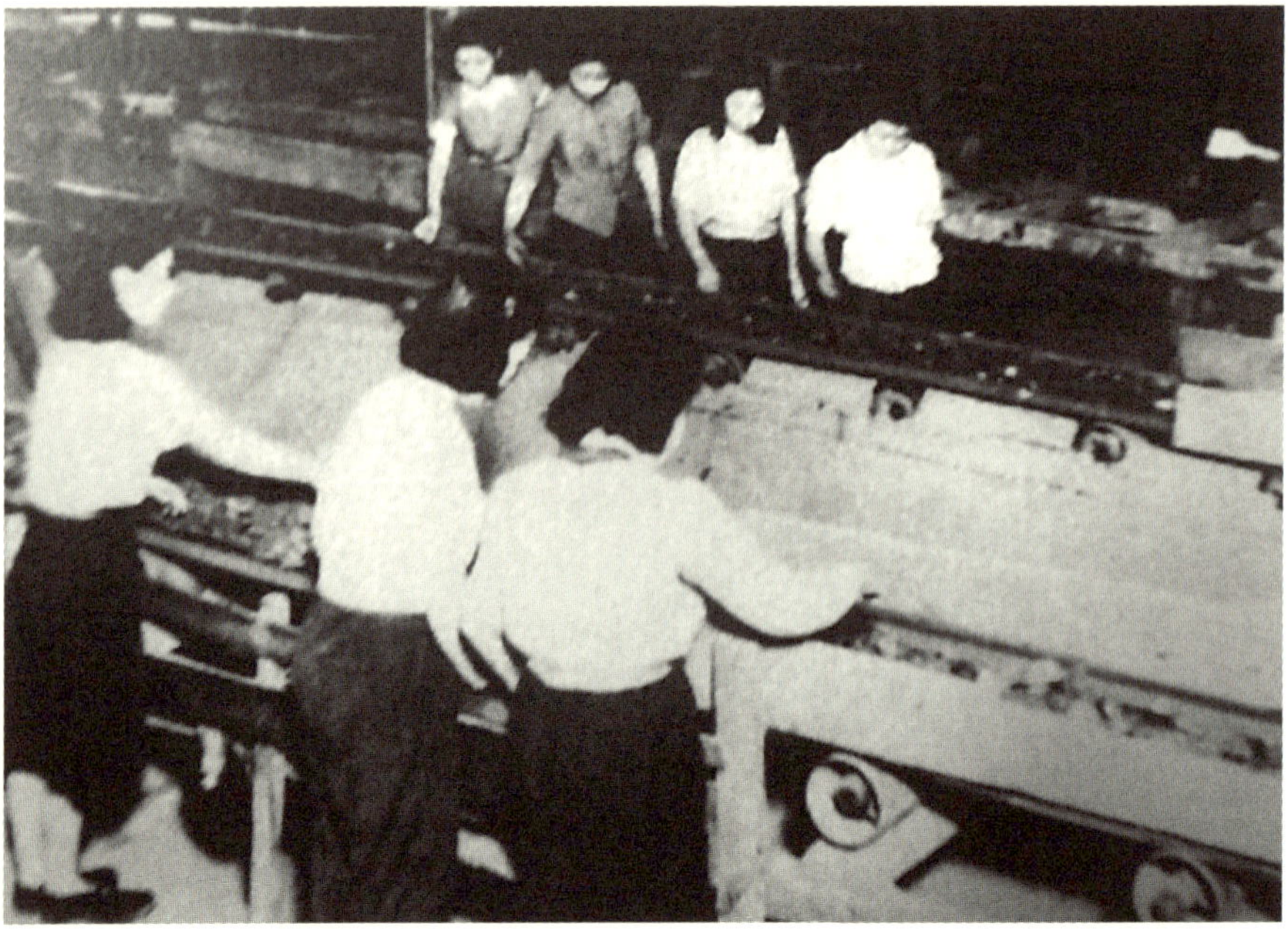

鉱山に帰って働いた選鉱場。チヅカさんが働いていた手選場。（あかいわより複写）

両親が「無事に帰ってきてくれた」と、とても喜んでくれたことを覚えている。激しい空襲の中を生きて帰れたことだけでもありがたかった。チヅカさんが十八歳の時のことだった。

鉱山に戻ったチヅカさんはすぐに選鉱場で働き出した。当時、社員の娘や奥さんが選鉱場で手選と呼ばれる鉱石を手で選び分ける仕事に就いていた。

索道で送られてきた原石は貯鉱場に運ばれる。貯鉱場からコンベアでクラッシャーを通し、砕かれた鉱石がボール大の大きさになってベルトコンベアで流れて来る。その中から鉱石ではないズリと呼ばれる廃石を手で取り除くのがチヅカさんの仕事だった。

鉱石は黒く重い。ズリは白く軽い。取り除いたズリは足元のベルトコンベアで運ばれ、専用のトロッコに積み込まれる。ズリが溜まるとトロッコを押してズリ捨て場まで運び、ズリを捨てる。選別は素手でやっていた。女の人が五〜六人で並んで手選別していた。朝の八時から夕方四時までが仕事時間だった。同級生や上のクラスの人たちや社員の奥さんたちが一緒だった。

手選鉱を終えた黒い鉱石はボールミルで砕かれて細かい粉末になり（ボールミルに鉱石を入れ、水を注ぎながらガラガラ回すと砕かれて粉末になった）、浮選工程で

手選場で働く仲間がズリ山で昼寝している。

鉱物を選別された。その後にはドットミルが導入され、更に細かいゲル状に砕かれた。浮選工程は薬品で浮かして選鉱するもので、真っ黒な泡が出るプールのような感じだった。ボールミル工程以降は二交代制で勤務していたようだった。

手選場で働くチヅカさんの休みは日曜日だけだった。働いている女の人同士で遊びに行くようなことはなく、みんな家の手伝いで忙しかった。チヅカさんは薪拾いや畑仕事の手伝いをした。当時、社宅裏の山に段々畑を作って野菜を栽培していた人が多かった。その畑仕事が日曜日の手伝いだった。炊事は母親がやっていた。

当時は月に一回集会場で映画を上映していたので、それを見るのが楽しみだった。年に一度の山神祭も楽しみにしていた。有名な芸能人が来るので、それを見るのが楽しみだった。男の人は酒を飲むだけで楽しいようだったが、女の人は忙しかった。父の佐吉さんが酒を飲まない人だったので、助かったような気がしていた。

手選場で働いていたのは二十代のころで、それ以後は食堂で働いた。働いたのは第一食堂で、ご飯を作る仕事だった。第一食堂は秀峰寮の下にあり、飯島英一さんの奥さんやみのさんが一緒に働いていた。みのさんは隣に住んでいたので、いろいろお世話になった記憶がある。

終戦当時の食料事情は悪かった。鉱山とは言え、食料

第一食堂で働いていたころの写真。第一食堂のメンバーが勢揃いして。

は乏しかった。記憶にあるだけでもすごいものを食べていた。ぼそぼそのモロコシ粉を握って蒸かしたモロコシパン、コーリャン粉のパン、サツマイモの粉を汁粉にしたもの、タンメンという短い乾麺を茹でて汁につけるつけ麺、そのタンメンを麦飯に入れて炊いた増し飯などなど、終戦当時はそんな食事ばかりだった。米が食えて恵まれていると言われたのは昭和三十年代になってからの話で、とにかく終戦直後の食い物はひどいものだった。

　当時、二人働いていると二人分の労働加配米が支給された。チヅカさんが働いていた事は家族にとっても大事でありがたい事だった。

　食堂利用者は四十人ほどいて、大半が単身者だった。また、妻帯者でも家は秩父にあり、自分だけ単身寮で生活している人も多く、そういう人たちも食堂に通って来た。

　自分の名前が書かれた食券を出して食事をするというシステムだった。弁当も同じで、料金は給料から食事何食・弁当何食という形で天引きされた。

　毎日前日に仕込みは終わらせ、毎朝五時起きで飯炊きをした。大きな鍋でおかずを作った。タライのようなものに釜で炊いたご飯を移し、そこから丼によそって出した。丼は瀬戸物で、まだプラスチックの丼はなかった。味噌汁はお椀で出した。セルフサービスではなく、全部

二十代の着物写真。

通勤の前に。

食堂の人がよそって出した。気の合う人には多めに盛ってやったという話も聞いたことがある。

食堂で使う材料は供給所まで索道で運ばれて来た。また牛の背に乗せて運んでくることもあった。米俵なども運ばれて来るのだが、これを食堂に運ぶのが大変だった。米俵を背負って運んだが、体の小さいチヅカさんには重労働で、これが原因で腰を痛め、今でもヘルニアに悩まされている。

翌日の仕込みを終え、仕事が終わるのは夜七時ころだった。おたきさんと他にもう一人、三人でやっていた。


チヅカさんは縁あって三十三歳の時に結婚した。当時としてはとても遅い結婚だった。相手は治太郎さん（二十九歳）で、四つ年下の社員だった。治太郎さんの仕事は採鉱郵便という仕事で、リュックを背負って本坑と大黒を毎日歩いて行ったり来たりしていた。そんな仕事をしていたせいか、足腰はとても強かった。

住まいは社宅で、ハーモニカ長屋の一角にあった。第十五班の一部屋が二人の住まいだった。治太郎さんは酒が好きだった。酒好きな人が往々にしてそうだったように、時々喧嘩騒ぎを起こした。いつだったか組の人と大げんかして、家に怒鳴り込まれ、子供が怖くて逃げ出したような事もあった。若いときは気の荒い人だった。

狩猟をしていた治太郎さん。獲物の雄鹿を前に誇らしく。角に手をやる治太郎さん。

治太郎さんは鉄砲撃ちもした。仲間四人と立派な雄鹿を獲ったことがあった。その時は意気揚々と担いで帰って来て、お祭り騒ぎになった。初猟で獲った獲物だった。獲物を神棚に供えて祀ったりしたのだが、これが後で祟りになったと騒がれた。

じつは娘の智子ちゃんが一歳五ヶ月の時に肺炎にかかってしまった。診療所では治療が無理で、秩父に連れて行ったけれど、二日目で帰らぬ人となってしまった。悲しみにくれる治太郎さんとチヅカさんに、心ない人が「ウサギなんかを神棚に供えたりするからバチが当たったんだ……」などと言った。これは本当に心に痛かった。

治太郎さんは採鉱郵便の仕事から索道へと職場を変えた。索道の油くれという危険な仕事だった。索道の搬器に乗って移動し、ポストの足場に飛び移って滑車に油をくれるという身がすくむような仕事だ。中には搬器が落ちて亡くなった人もいる。ポストの足場に飛び移ることも怖いが、事故が起きるのはポストから動いている搬器に飛び乗る時の方が多かった。重さに絶えかねて搬器が落下することが多いからだ。

何かの事故や故障で索道が止まることもある。治太郎さんも一度空中で索道が止まってしまった事があった。一旦止まると空中から降りることも出来ず、動き出すの

社宅の前にたたずむ治太郎さん。

索道のポストに立つ。注油が仕事だった。

を待つしかない。治太郎さんはその時、中に積んであった鉱石を落とし、搬器にもぐるようにまるまって時間をやり過ごした。原動所のベルトが切れると索道が止まり、再度動き出すまで修理で三時間くらいかかった。その間、空中の寒い搬器の中でじっと待っている時の気持ちは何とも言えないものだったという。

索道から搬器ごと落ちて人が死んだ場所にはヘビがいっぱい出ると言われていた。治太郎さんは足が不自由だったが度胸は良かった。度胸の良さが危険を遠ざけたのかもしれない。昭和四十九年の索道が止まる瞬間まで、治太郎さんは索道の油くれをやっていた。

チヅカさんは食堂から学校給食へと仕事を変えた。黒沢さんという人と二人で給食を作った。黒沢さんは小さい女の子を連れて職場に来ていた。朝の八時から夕方三時までの仕事だった。そして学校の給食がなくなった時が仕事の終わりだった。昭和六十年三月小倉沢小中学校が閉校し、鉱山の学校がなくなった。

チヅカさんとの印象的な出会いがあった。秩父鉱山写真展を開催した時の事だった。「父親が夢に出てきて、俺の写真が出てるから矢尾まで行って見ろと言われたから見に来た……」という信じられない言葉だった。

チヅカさんはその時のことをこう言う。「本当に父親

社宅の前で、珍しく家族三人揃っての写真。

が夢に出てきたんさあ、驚いたいねえ、そんな事は一度もなかったんで、本当かさあって思いながら見に行ったんだぃね」とのこと。夢で言われて見に来たら、そこに本当に父佐吉さんの写った写真があったということだった。その写真は大黒坑で働く大勢の人が並んで写っている一枚の写真だった。その片隅に間違いなく佐吉さんがいた。チヅカさんは涙を流して友達に顛末を話したという。

驚いた話だが、本人が言っているのだから間違いない。本当に不思議な事があるものだ。

「お陰で写真を見る事ができたんだぃね……」とチヅカさんは笑う。佐吉さんは鉱山の仕事が終わり、山を下りてすぐに亡くなっていた。鉱山とともに生きて来た一生だった。

苦労が多かったチヅカさんの人生だった。長く連れ添ったご主人の治太郎さんは平成二十九年四月に他界された。山から下りて小鹿野に居を構え、四十三年目のことだった。

「本当にいろいろあったけど、健康だったことだけが良かったことだぃねぇ……」と言葉も少ない。チヅカさんにとって鉱山は昔を思い出す過去の記憶だった。

# 藤木芳江さん（七八歳）

三年間、小倉沢中学校に赴任して思い出すこと。

平成二十九年六月二十日、さいたま市南区の藤木芳江さん（七十八歳）宅に取材に伺った。芳江さんは昭和四十年から三年間、秩父鉱山の小倉沢小中学校に教師として赴任されていた方だ。小倉沢小中学校が閉校になる時、閉校記念文集「おぐらさわ」を企画・編集した人でもあり、今回はその閉校文集が縁での取材となった。

閑静な住宅街の自宅に伺い、すぐに小倉沢での生活や学校の話を聞かせていただいた。

芳江さんは大学時代に東北地方で民話の採集作業をしていた。教授の指導でテープレコーダーを持参して、各地のお年寄りから話を聞くという作業だった。新潟・福島・岩手などの山間僻地に行く事が多く、年に一度、こうした話をまとめて本にしていた。

この作業が好きだった芳江さんは自然に僻地教育というものに興味を持った。教員になってからも僻地教育の事を考えていた芳江さんは、ついにそれを実行に移した。実際に僻地に行くと決めた時は周囲の人が驚いたようだった。

勤務先は大滝村立小倉沢小中学校。教育委員会の人が「辞令式（四月一日）には来なくていいですから」と言うので驚いたのだが、後で聞いたら、あまりに僻地なので事前説明会に来ると、そのまま帰っちゃって、学校に

自宅で小倉沢中で教員生活をしていた頃の思い出を聞いた。

来なくなる人もいるのだとか……。教育委員会としてはそういう事態を避けたかったからという理由だった。それほどの僻地だということだった。

そんな学校へは秩父の泉屋という商店のトラックで行った。途中の山道が怖いようだったが、同時にわくわくするような高揚感もあった。決められていた住まいは第一合宿の近くで、片付いていてとてもきれいだった。学校は小さくていい雰囲気の校舎だった。住まいも学校も第一印象がとても良かった事を覚えている。

芳江さんが在職していた三年間は刺激的で面白く、とても勉強になったという。山の学校では先生も親たちも会社の人たちも本当に良くしてくれたと懐かしがる。当時の学校での様々な事柄を話してもらった。

ある年の夏、台風で崖崩れや橋が流出した事があった。会社の全山放送で、どこそこの橋が落ちたとかどこどこで山崩れが発生していると教えてくれた。

この時はたまたま日曜日で、友人が遊びに来ていて、帰れなくなるということで大騒ぎになった。まさに陸の孤島状態で、どうしようかと思っていたら、会社の人たちが総出で歩く道を造ってくれて帰れたという事があった。橋が落ちたところは川まで降りて川を渡り、また道まで登る。これを何回か繰り返した。土砂崩れの場所は人が歩ける道を造って歩けるようにしてくれた。車が走れる場所まで下りれば後はトラックに乗って三峰口の駅まで出られた。崩れた道に板を渡して、その上を車が走るという怖い場所もあったそうだ。

この時は小倉沢が陸の孤島になったというニュースが流れ、友だちが大変心配してくれた。中には食べ物をということでラーメンを箱で送ってくれた友だちもいた。

道路が通じなくても鉱山だから荷物は普通に索道が運んでくれた。生活に支障はなかったので、まるでひとごとのようにニュースを眺めていたそうだ。その時に送ってもらったラーメンの匂いが外に出て、ラーメンを目当てに独身の技術者たちが遊びに来て「ラーメン御殿だ」なんて言われた事を思い出す。

男の先生の教員住宅は村立だったが、女の先生の教員住宅は社宅を借りていて、若い女先生たちがにぎやかに生活していたので生徒をはじめ、通信制高校の勉強をしている社員、それに独身社員も気軽に遊びに来る場所で人気があった。

今井先生、逸見先生、近藤先生、加藤先生など女性の少ない鉱山では羨望の眼差しで眺められ、とても人気があった。とても楽しい三年間だったと笑う。

学校の仕事の他に幼稚園でのお手伝いもした。イベントの作り物や飾り物など、みんなで楽しみながら作ったものだった。学校の給食作りも手伝った。給食のおばさんは二人いたが、一人休むと教頭や中学の先生が応援に入り、交代でキャベツを刻んだり、野菜の下ごしらえをしたりした。

水道の水が凍る冬は、生徒総出で沢からバケツリレーをして給食作りをしたこともある。生徒達も楽しそうだった。普段の授業にない事が起こると、生徒達は急にいきいきと動き出すのが不思議なようで面白かった。このバケツリレーなどもその一つだった。

学校が終わるときの「そろそろ登りましょうか……」という校長先生の声が帰る合図だった。学校が宿舎よりも下にあるので、宿舎に帰るには坂道を登ることになる。だから、登りましょうという言葉になったものだ。ここならではの挨拶で、今も印象に残っている。

珍しい場所だったので盛んに友人を呼んだ。社員の親しい人にお願いすると坑内を見学できたので、よく坑道の中に入った。中で働いている人は生徒の親たちだし、よく案内して説明してくれた。渡部さんや選鉱の福田さんにはいろいろ案内してもらった。ズリ捨て場（沈殿池）などもよく案内してもらった。他では絶対見られない光景ばかりなので友人も皆楽しんでくれた。

小倉沢小中学校の後で赴任した越生中学の生徒達を夏休みに小倉沢に連れて来た事もある。家庭科室に泊まっ

卓上に飾ってあった写真は、秩父鉱山写真展で懐かしい人達と撮った記念写真。

て鉱山のあちこちを生徒に見せてやった。今ではとても出来ない事だけど、当時はまだそんな事も許されていた。同行した理科の先生が本当に楽しそうだったのをよく覚えている。そんな事が出来たのも、小倉沢に赴任していたから出来た事で、会社の人たちには本当に感謝している。本当に良くしてもらった。

こんな事があった。ある時、郵便屋さんに「先生んとこは牛を飼ってるんかい？　庭に牧草がずいぶん生えてるねぇ～」って言われたんだって事をお帰りの時間に話した日、宿舎に帰ったら庭の草がきれいに刈られていたのでびっくりした事があった。

芳江さんが言ったのを聞いた生徒が、家に帰って親に話したらしい。その親が「それは大変だ……」とばかりに宿舎の庭を整理したようだった。ありがたい事だった。

父兄会もあった。父兄がいろいろ面倒を見てくれた。

資材課の課長だった泉さんの家にはよく遊びに行った。家族のようにお客様を接待していたのも、思えば不思議な体験だった。資材課の若手が「東京でミニスカートを見たい」というので企画した資材課の千葉旅行にも一緒に連れて行ってもらった。鯛ノ浦の観光だったが、とても楽しかった事を覚えている。

秩父市内には大滝村立の高校生の寮があった。男子寮と女子寮があり、どちらに行っても知ってる生徒がいた。女子寮は桐越君のおじいさんとおばあさんが管理人をやっていて、よく泊めてもらったり世話になった。

昨年、秩父市の矢尾で鉱山の写真展の帰路、その女子寮の場所を見に行ったら、まだ建物がそのまま残っていたのでびっくりしたと同時に感激した。中は当然違うのだが、外観がそのままで、懐かしい昔を思い出した。

秩父市内には会社の寮もあり、そこに泊まる事も出来た。会社の寮なので、偉い人たちと一緒になることも多かったが、朝六時のバスで揃って鉱山に向かった。朝八時過ぎに学校に着き、そのまま働いた。よく遊んで、よく働いたものだった。


運動会の事はよく覚えている。最初はこの狭い校庭でどうやるのかと心配していたのだが、先輩の先生方は慣れたもので、テキパキと事態が進むのに驚かされた。

会社の協力がとても良かった。設営とか進行とか手慣れていて助かった。会社の主催と学校の主催と二回運動会があり、生徒はどちらにも出た。

学校行事の遠足は周囲が山なので行く場所がなく、テレビ塔まで登って、テレビ塔の下でお弁当を食べるなんて事をやっていた。それでも生徒達は楽しそうだった。

子供はみんな可愛かった。子供は褒めて育てるのが基本だから、よく褒めた。これが教育の原点だったかもしれない。

煙突掃除をしたときの事だった。学力と生活力の違いをまざまざと感じた事がある。勉強が出来ても煙突掃除の仕方を知らない子供に対して、山の子供たちは自然に煙突を解体して自然に掃除していた。小さい時から親の手伝いでやっているのだろうけれど、山の子供たちの方が生活力があるなあと感心したものだった。

一度、畑の大根を抜こうとしたが抜けなかった事があった。山の子供は楽にそれを抜いていた。山の子は本当に逞しい。生活力という点では鉱山の子よりも上だった。

二十五人の生徒がいて、半分は男の子だった。その中で二人自衛隊に入った。女子では看護師になる子が多かった。山の子にはやさしさと強さがあったように思う。

三年生のクラスの学級委員の子で黒沢よし子ちゃんという子がいた。赴任して初めての冬のある日の事だった。授業を始めようと教室に入ったら、石炭ストーブの周りが空いている。どうしたかと聞いたら「今日は寒いから、先生はストーブの周りで授業してください」と言う。これには感激してしまった。それがよし子ちゃんだった。とてもやさしい子だった。

用務員のおじさんは新井さんといった。クラスの男の子が石炭をもらいに行くと各クラス毎に平等に石炭を出してくれた。

黒沢よし子ちゃんのクラスはA組で、男子と女子でよく喧嘩した。クラスの話し合いで、女子が泣きながらお願いするのを男子は白けながら聞いているようなクラスだった。

B組の男子と女子は温厚で仲が良かった。「俺は特に何もしてねえんだけどなあ～」と担任の先生は嬉しそうだったのをよく覚えている。雰囲気はクラス毎に違うものだと思った。


冬の寒さで水道が凍って止まる事があった。沢の水を流している水道なので、流しっぱなしにしても何の問題もないので、蛇口を開けておくようによく言われた。自分達はわかっているので蛇口を開けておくのだが、他から先生が来たりすると習慣でつい蛇口を締めてしまう。そうすると凍って使えなくなってしまうので、あとで蛇口を開けて回ったような事もあった。

給食時に水が出なくなったら少量のアルコールを紙に含ませたもので手を拭いて消毒した。矢尾にお願いして専用の紙を作ってもらった事もある。

その後も生徒との交流が続いている。先日の「秩父鉱山写真展」では久し振りに何人かの生徒と会うことが出来て良かった。何かの機会があれば今後も生徒達と交流して行きたい。

小倉沢中で昭和四十三年卒の生徒達の還暦同期会というのがあって、それに出席した事があった。住所のわからない生徒がいるので知らないかという問い合わせがあったので教えたら、すぐに本人から電話があった。その時に「先生、いくつになったんですか?」って聞かれて思わず笑ってしまったという。

お互い様だが、お互いに中学時代の顔しか覚えていない。小倉沢中で教員生活を送った先生達にとって大変貴重な体験だった。懐かしい学校だと最後は笑って取材を締めてくれた。

台風で崩れた道を急造ハシゴで下る。

秩父郡大滝村立小倉沢小中学校　閉校記念文集

# 小倉沢日記

藤木芳江

1、すばらしき教師集団
2、ずりあげ
3、山のくらし
4、台風二十六号
5、バケツリレー
6、カレーうどん
7、秋のプレリュード
8、雪が降ってきました
9、ブゾラとは
10、ぼくの宝物
11、お手手つないで
12、クラスの印象

## すばらしき教師集団

昭和四十年の春、まだ残雪があちこちに見られる中津峡を商店の車に便乗させてもらって小倉沢中学校に赴任した。いくつもトンネルをくぐり、掛軸の絵のような美しい風景を右に左に見ながら、紫色の山のかなたにあるまだ見ぬ学校を想像しながら小倉沢をめざした。

山を背に、川を前に小さくてきれいな学校があった。私はほっとした気持ちで職員室に入った。今までの静かで美しい風景とはまったく違うふん囲気がそこにあった。

もう、学校は新学期にむけて活動を開始していたのである。

今井先生が大きなダンボールをかかえて職員室に入ってきた。ズボンにジャンパー姿である。私は今までの感傷をふきとばされた。これからはもう戦闘開始の気持ちでのぞまなければ。

この年、私は新任ながら一年生の担任をさせてもらえた。一年A組、佐久間先生、B組が私である。校務分掌はPTAの会計、保健等、むずかしい仕事を一生懸命がんばって無事一年間終了。

次の四十一年度は横田校長が指導主事として栄転、かわって金子校長が着任、新しく技術科室が出来たところで埼大の技術科を出た河野先生、アメリカ留学から帰国した町田先生、女子美を出た新谷先生、事務職の清川さんとこの年も新卒の若い人たちが着任、その中に小学校では城の下先生、中学校には数学の佐藤先生が転任、若い教師の多い中、大いに期待を持ってむかえられたベテランだ。

このような陣容なので職員室は明るく活気に満ちていた。今思うと他のどんな学校に比しても劣らぬすばらしい教師集団であった。

**ずりあげ**

秩父での生活は驚くことばかりでしたが、中でも「ずりあげ」には驚きました。

職員室のまん中で、アカアカと燃えているダルマストーブの上に大きなナベがのっていて、その中でうどんがぐらぐらゆだっています。円陣を組んで先生たちは、自分の湯のみ茶わんにしょうゆを入れ、この大なべからうどんをすくい、しょうゆにつけてフウフウずるずる食べるのです。

最初はちょっとからいと思っても、そのうちちょうどよい味かげんになるのですが、その頃にはかんじんのうどんがありません。なべの中をはしでかきまぜながら、ちょっと残念に思ったりします。

でも、その頃にはそれぞれのおなかもあったまり、なんとなく幸せな気分になるのです。

CMに湯気のむこうに笑顔がある、などというのがありますが、まさにその通りです。

山をおりた今でも、冬になるとこのずりあげを作ります。友だちにごちそうすると、最初はためらっていますが、すぐ気に入ってフウフウいいながらなべの中のうどんをおいかけます。家で作る時はしょうゆだけでなく、ネギのみじん切り、生タマゴ、けずりぶしなどを入れ、七味とうがらしなどちょっとふりかけると味も栄養も満点です。

都会では、かまあげうどんなどというそうですが、食べ方は単純なほうが野趣があっていいですね。

みなさんも今年の冬はずりあげをたべながらふるさとの冬景色を思い出しましょう。

**山のくらし**

小倉沢地区は、僻地二級という山間僻地にありながら、毎日のくらしはまことに快適なかくれ里であった。

公共施設は、小中学校、幼稚園、診療所、郵便局があり、会社の施設として共同浴場（無料）、洗たく場（いつでもお湯が出て、洗たく機で洗えた）。テレビ塔（東京のチャンネルが全部見られる）、社員食堂（私たちも朝晩世話になった）、集会場などがあった。

集会場は秩父市内の商店が出張してきて、季節毎の必需品を売ったり、文化部の展示会場、クリスマス会のパーティ等、いろいろな活動に利用されていた。

電気、ガス、水道といったものは全部会社の方で面倒を見てくれたので、私たちはまったく毎日の生活に不自由を知らずにすごすことが出来た。

商店が二軒、毎朝、市内から食料品や日用品を積んで来て、夕方になると下山する。とうふ屋さん、床屋さんもあった。

これは誠にありがたいことで、一般的に辺地校の先生は、この日常生活に苦労するものだが、私たちは会社のおかげで危険な思いもせず楽しいくらしをおくることが出来たのである。

交通の面でも、西武バスは一日一便というあてにならないものだったが、毎日、何往復もするダンプ・カーを足がわりに利用させていただき、これも不自由を感じなかった。

はじめて小倉沢から大滝役場に出張する時（新任教員の歓迎会が役場で催された時）、このダンプにのせてもらって行ったのであるが、最初はとてもこわかった。逸見先生、近藤先生、私の三人がダンプの助手席にのった時の気持ちは今でも忘れられない。高い助手席から、中津峡をながめ、これからの生活はどうなるのだろうなどと不安を感じたものだが、心配するようなことはなかった。

又、人間関係においても、とても楽しかった。編物を教えてもらった関係で、会社の若い女子社員と友だちになれたし、通信教育のお手伝いをした関係で会社の人たちとも広く友だちになれた。淋しい山の中のくらしではあったが、吉幾三のうたう田舎ぐらしとは違った生活があったのである。

**台風二十六号**

大滝の道は、いつもがけくずれ等で交通止めになって、そのたびに不自由な思いをするのだが、昭和四十一年九月二十四日の台風二十六号はものすごかった。

一晩中台風が吹きあれていたが、鉱山にいた私は別にこわさも覚えず朝をむかえたが、起きてびっくりした。あちこちで山崩れ、土砂くずれ、がけくずれで道路が寸断され、橋は流され、小倉沢地区は陸の孤島と化したのである。

ちょうど日曜日で鉱山には秩父から帰っていた高校生がいる。又、私の所には友人があそびに来ていて帰る日だったので、大さわぎになってしまった。車が通らないとわかると居ても立っても居られない心境になって、会社のはからいで、なんとか友人は下山出来た。

台風一過、というが、この後は大変だった。

テレビニュースで陸の孤島となったことが報じられると、東京から食料を送ってくれたが、車では運べないので、索道で運んでくれた。給食、生活必需品も索道が運んでくれた。

私たちは自分達のおかれている立場を、観客の気持ちでテレビをみていたのである。

この時のことは、あとになってみると楽しい思い出がいっぱいある。（復旧工事をして下さった方々の御苦労には感謝します）まず、橋がないので道路から沢におりて、また、道路に登る。こんなところが二ヶ所ほどあって、これがとても楽しかった。

車の場合は自力で道へ登れないので、ブルドーザーが引っぱったり、おしたりして上にあげた。こんな経験はめったにないとばかり、私たちはシャッターを切ったものである。それにしても人間の知恵はたいしたものである。自然の力もすごいが、人間の力もそれに増したものがあると感心した。

こういう経験は町にいたのではとうてい出来ない貴重なものである。

熊谷の気象台に問いあわせたら、この台風の被害は道路けっかい二一六、橋の流出一一、がけくずれ一一七ヶ所というから、いかに大変だったかがわかる。

**バケツリレー**

小倉沢の冬はきびしい。春に（といってもまだ山あいには雪が残っていた）来た時、一番初めに聞いた言葉が冬のきびしさだった。少々オーバーに言っているのではないかと思って聞いてはいたが、だんだん秋も深まってくると、来たるべく冬将軍にそなえて、いろいろ心の準備が必要だった。その中の一つに、水道の蛇口をあけておくこと、というのがある。水を出したままにしておかないと凍ってしまって翌春までその水道は使えなくなるという。夜、寝る前に水を出しておくと、翌朝には水が細く糸のようになって、夜のうちに勢いよく出た水がはねて、流しに凍り付いている。あちこちで水道管が破裂して水がふき出したまま凍りついているのである。山はだからしみ出した水が凍りついて朝日にかがやいている光景は美しいものだが、ありとあらゆるものが凍りついてしまうというのは恐ろしいものである。道の凍結で歩くのもカニ歩きをしないとこわくて歩けない状態である。

そんな冬のある日、学校中の水道が全部凍ってしまって水が使えなくなった。蛇口はあけておくようにということはてっていしているはずなのだが、つい習慣で閉めてしまうともうおしまいである。

さあ、給食が困った。職員会議で協議した結果、沢の水をくみあげることになった。

この話を聞いた生徒達は大喜び。なにしろ給食のために授業をつぶすのであるから。

学校わきの沢から、坂道、校門、階段、玄関、廊下、そして給食室まで、ズラーっと並んでバケツにくんだ水をリレーするのである。

昔、映画で見た防災訓練のようである。子供達は嬉々として取り組んでいる。子供達は日常的なことからちょっと逸脱したことをするととても喜ぶものだなあと思った。

おかげでその日の給食は無事に出来上がった。どんなこん立てだったか、忘れてしまったのが残念である。

**カレーうどん**

小倉沢の給食は二人の調理員（緒方さん、近藤さん）が作ってくれたが、いつもおいしい給食だった。中でも評判が良かったのがカレーうどんである。おいしくておいしくて子供達はおかわりをして残ることはなかった。

この評判に気をよくして、学校に何かある時は必ずカレーうどんがふるまわれた。

たとえば、校内の清掃にＰＴＡの力をかりた時などである。水を自由に使えないので、ワックスぬりをする時、ＰＴＡのお母さん達が総出で手伝ってくれた。ワッシワッシと床をみがき大汗を流している頃、給食室では緒方さんと近藤さんがせっせとカレーを作っているのである。カレーの香りがただよってくる。おなかは空いてくる。

早くそうじを終わらせてあのカレーうどんを味わいたいと思う頃、終了のチャイムが鳴る。なんともいえないホッとしたふん囲気。

きれいにみがきあげた教室、重労働のあとの疲れと満足感、そんな気分の中で子供たちの机で子供たちが普段話しているカレーうどんを食べるのである。お母さんたちのはなやいだふん囲気が今でもよみがえる。

古いけれどみがきあげた清潔な教室、使う人のない今はどんな状態なのかと思うと胸が痛む。

## 秋のプレリュード

はじめて小倉沢の玄関前から校庭を見下して発したことばが「どこで運動会をするのですか」だった。隣に立っていた横田校長が「まあ、見ててごらん」と自信満々に答えた。秋の体育大会はどこの学校でも最大のイベントである。この猫の額ほどの校庭でどうやるのかと心配したが、そこはそれ、ちゃんと立派に出来るのだからたいしたものである。

それより大変だったのが、女子のダンスである。国語の先生である私が、まさか女子の体育、運動会のダンスの指導をするとは夢にも思っていなかったのであわててしまった。

夏休み中に講習を受けて、二学期早々、ふりつけの説明図をみながら指導するのである。夜は近藤先生と一緒に行進や、おどりの輪をどう作るかなどと、図をかきながら研究した。はたしてどんなものが出来上がるかと、気をもんだが、生徒達は見事に演技をしてくれた。見ていた親より、かげにいた私の方が冷や汗だった。

小規模校はなにかにつけて大変である。新米教師にも重責が肩にずしりである。私は赴任早々、国語科主任、保健、ＰＴＡ会計と、いろんな仕事があって、それぞれに大変だった。大きな学校は仕事の分担が少なくて楽である。しかし、今にして思うと、最初にいろいろ経験が出来たことはやはり大きな幸せであった。

## パンツのゴムにはご注意を

ある日の放課後、私はひとりで職員室にいました。小さな男の子が「おなかが痛い」と私の所に来ました。小一のM君です。「どうしたの」とセーターを上げると大きなおなかのまん中にパンツのゴムがくいこんでいて、おなかがくびれています。「これじゃあ痛いよね」と言ってゴムをパチンと切ったらパンツがおちてしまいました。

おなかは楽になったけど、こんどはパンツが落ちてしまって泣きべそです。

私はなんとかかんとかなぐさめながら、おんぶして家まで送って行きました。

こんなこともありました。

**雪が降ってきました**

四十年の冬のある夜、桐越君が私の部屋にあそびに来ました。二人で五目並べをしてあそんだのですが、一方的に私の勝ちでした。彼はちょっとホッペをふくらませて帰りました。

数日して又、彼がやってきました。そしてまた、五目並べをしました。ところがどうしたことでしょう。今度は何回やっても彼の勝ちなのです。「どうしたの」とたずねると、彼答えて曰く。「お父さんにおそわってきたの」なるほど。負けてくやしくていっしょうけんめいお父さんにおそわってきたのだ。

この話を二十数年後のつい先日、彼に話したらぜんぜん記憶にない、と言うのです。

そのかわり、やはり冬のある日、下校時刻に雪が降ってきて、その時私が校内放送した時のことはよく覚えている、というのです。「どんなことを言ったの?」と私は少々期待をこめて聞いたら、

「雪が降ってきました。皆さんすべらないように気をつけて帰りましょう」と言ったそうです。なあんだ、もう少し気のきいたことを言ったのかと思った、と胸の中でつぶやきました。たったこれだけの平凡なことばを桐越君は二十年後の今でもよく記憶に残っている、というのです。

雑談をしているうちに記憶の奥にあったあの日のことが思い浮かんできた。

〇〇〇　〇〇〇

ある日の放課後、私はぼんやりと職員室の窓越しに山を見ていました。すると、白いものがちらちらと飛んでいます。あれ、風花かなと思い、なんとなく小説など思いうかべているうちにだんだん白いものが増し、舞いあがっています。これは本格的に降り出すかもしれない。校舎内にはまだ多くの生徒が残っている。中津川の方へ帰る子は大変だ、早く帰宅させなければ、と思い放送室にとびこんで行ったのだ。

そして、言ったことばが

「雪が降ってきました。気をつけて帰りましょう」

だったのだ。

あの雪はその年の初雪だったかもしれない。

## ブゾラとは

校舎玄関横に立っている「ブゾラ」を覚えていますか。
これは、美術科の新谷先生が小倉沢に赴任してきた(四十一年)年の夏休み、当時中二年生だった桐越君や黒沢登明君などと山口教頭と一緒に奮闘して作りあげたものです。
さて、その名、ブゾラとはなんでしょう。当時、小学校だった人たちにはわからないと思いますので、公開しましょう。(これは新谷先生が命名したものです)
ブ……ブタの頭
ゾ……ゾウの足
ラ……ラクダの背
思い出して下さい。あいきょうのあるブタの顔、子供たちが乗ってもビクともしないゾウの足、そして、子供たちをのせるのに、ちょうどすわりごこちのよいラクダの背。
ブゾラにのって遊んだ当時の子供たちはもう立派な社会人。自分の子供を公園に連れて行ってあそばせる年代になりましたね。

## ぼくの宝物

「もしもし、新藤茂です」彼は現在他所へ長期出張中で自宅にはいなかったのですが、連休のため久しぶりに帰ってみたら、私からの文集の件についての手紙が来ていた。と言って電話をくれたのでした。

なつかしくて中学校時代の日記を読んだら先生のうちに遊びに行った事など書いてあったと話してくれました。

そして、「ぼくがずっと宝物にしているものがあるんですよ」と言うのです。

「何?」と興味津々の私
「中三の夏休みの宿題に新聞の切り抜きが出たでしょう? あれですよ。先生の批評にとてもよく出来たと赤で書いてあるんです。それをずっと大事にしているんですよ」

そうです。私は毎年三年生の夏休みには新聞の切り抜きを宿題に出していました。

それは、新聞が国語の教材にとてもよいと思っているからです。読む、調べる、批評する、視野を広げる。新聞から学ぶものは沢山あります。社会人になったらぜひ新聞を読む人になってほしいと思っていました。

その新聞の切り抜きを大事にしていると言うのです。私の評がなんと書いてあるのか見たいようなこわいような気がしました。

それにしても、教師はたとえ一行の評でもおろそかな気持ちで書いてはいけないと反省しきり。

**お手手つないで**

「先生、この写真見て下さい」K氏が一枚の写真を出した。それは、四十一年の春、当時中二の遠足、ユネスコ村のスナップ写真であった。階段に並んで五・六人の男女生徒と先生がにこやかに笑っている。

「Sさんの手がないでしょう?」とK氏。よく見ると、なるほど右手がない。エッと思っていると、

「ぼくと手をつないでいるんですよ」ナヌッ! かわいい顔をした少年と少女がこっそりうしろでお手手をつないでいたとは、シャッターさんも気がつかなかったことでしょう。このK氏とSさん、誰かな?

**クラスの印象**

新任早々、私は一年B組の担任となった。

この学年は小六の時、新井先生と今井先生が担任だったので、何かにつけ今井先生のアドバイスを受けることが出来たので、大変たすかった。生徒や父兄に助けられて、時に大きな問題もなく無事に一年が過ぎた。

しかし、思い出に残る出来事はいくつもある。

富田節子さんのお父さんが、高い崖から車ごと川へ落ちてけがをしたことがある。ちょうど期末テストを控えていた頃だったので、妹さんはお母さんと一緒に秩父へおりたが、節ちゃんは私があずかって、一週間ほど共同生活をした。節ちゃんはよく気のつく子で、学校から帰ると部屋のそうじなどしてくれるので、今井先生や近藤先生などと「彼女いい世話女房になるわね。早く結婚するかもね」などと話していたが、その通りになったようだ。彼女は又、とても親切な子で、誰にでも親切だったが、それを彼女はおせっかいと親切の境界線に悩んだりしていた。

又、猪俣初美ちゃんは、ウサギにえさをあげる時、足をすべらせてけがをして、やはり秩父の病院へ入院したことがある。その時、クラスの皆が手紙を書いて、私が病院へ見舞いかたがた持っていった。初美ちゃんは静かで落ちついたふん囲気の女の子で、あまり喜怒哀楽をあらわさなかったが、この時はクラスの友だちの手紙を読んで涙をすっと流した。その時、私はとても感動した。

又、初美ちゃんの短歌、「ふるさとは　小石のような辺地でも　秋のもみじに　やしおつつじ」(下の句が少し違うかもしれない)はとても心に残っている。彼女は今、小学校の先生になっている。

原島学君の家に家庭訪問した時、あまりの遠さに驚いた。なんと学校まで十四キロもあるので、私の足では三時間かかった。この道を毎朝、毎夕通学してくるのである。まっかなホッペの元気な顔が目にうかぶ。彼の詩の一節に、「山はつっ立っている　だまってつっ立っている」というのがとてもいい表現だと思って、今でも覚えている。

山中喜代市君。キーちょ。彼も元気だった。中津川からくる子は元気な子が多かったが、中に房男君や祐二君はおとなしい子だった。

こうやって思いかえしてみると、一人一人の中学時代そのままの顔がうかんでくる。私は転出して以来、みんなに会っていないので中学生の顔のまま、まぶたに浮かぶのである。

芦田節ちゃんのまじめな顔、安川美由喜さんの人なつっこい笑顔、強矢加代子さんの静かなほほえみ。不思議なことだが、みんなのちょっとしたしぐさを覚えている。いろいろ思い出してくると。胸にあついものがこみあげてくる。とてもいいクラスだった。はじめてのクラスはなつかしい。

それに引きかえ、三年A組は強烈だった。教師になって第一時限の授業は三年A組。私は何の先入観も、クラスに対する予備知識も持たず教室へ入った。クラス委員長の黒沢よし子が「起立」と言ったが、五人ほど後ろの背の高い男子生徒が立たない。私が立ちなさい、と言うと、一人二人がのそのそと立った。残っている三人にもう一度立ちなさい、と声を強くして言った。やっと一人立つ、そして最後まで立たなかったのがK君である。

大学時代、古事記の先生に「教師になって最初の一時間で生徒を掌握しなければダメだ。生徒にのまれたら、あとでどんなにがんばってもバカにされる」という言葉がパッと浮かんだ。

ここで頑張らないと…… と思って、私としては想像もしていなかったふんばりをしてみせた。しかし、このことがあって後、K君とは仲よくなった。私の弟が夏休みにあそびに来た時など、よく世話をしてくれた。彼の妹がタツエちゃんで私のクラスだった。

彼はエバラ製作所に就職したので、一度会社を訪れようと思っているうちに転職してしまったと聞いて、どうしているかと気になる存在である。

又、このクラスは個性の強い子が多く、男子と女子がよくもめた。ある時、教室の戸をあけようとしたら「先生、時間をください」と言う。クラスで話しあいをしたい、と言う。いいでしょう、と私は教室のうしろで聞いていたら、女子が、もっと協力的になってほしいと男子に涙ながらに訴えているのである。

B組はとても男子と女子が仲よしで、A組の女子はとてもうらやましいと思っていたのである。それに対して、男子はB組の女子の方がかわいい、などと言っている。とにかく一時間、女子の訴えを聞いて男子も少しは心を入れかえたのか、卒業する頃は仲よくなっていた。

三年B組はこれに引きかえ、おっとりしたクラスだった。

クラス全体のふん囲気というのはとても不思議なものと、今でも思う。

## 新藤　茂さん（六五歳）

大黒坑で働いていた父英世さんの事。自身の子供時代も。

# 思い出がいっぱいで
# なつかしい場所だね、

平成二十九年七月二十日、土浦の荒川沖駅前で待ち合わせして、新藤茂さん（六十五歳）に会い、鉱山の生活について話を聞いた。茂さんは昭和二十七年に大黒の社宅で生まれ、中学を卒業するまで鉱山街で生活した。昔の写真などを見ながらいろいろな話を聞いた。

当時、大黒坑の社宅は手前と中央、奥の三つに大きく分類されていた。手前（大黒坑の川向かい）は日当たりが良く、社員の住宅が並んでいた。彦久保商店もこのエリアにあった。中央は、浴場が中心にある社宅群で、鉱員の社宅があった。茂さんの社宅があったのは奥のエリアで、日当たりが悪く、鉱員の社宅や組の飯場がある場所だった。近くには赤池組、高原組、山川組の飯場があった。市川組は大黒の手前、元変電所の場所に飯場があった。山川組は赤池組から別れた組で三・四人でやっていたと記憶している。

父親は新藤英世といい、大黒坑内のポンプ番をしていた。大黒坑内の最下部には湧水を排出するポンプが設置されており、二十四時間態勢で排水を行っていた。そのポンプを点検整備する仕事で、三交代制だったようだが実際には二人しか担当がおらず、二交代制のような勤務状態だった。小椋さんという人とコンビを組んで、夜八時に出勤し、朝八時に帰ってきた。

丹前姿の父。大黒の冬は寒かった。

ベレー帽をかぶった父。

父親は会津出身で、戦争中は南支那に出征していた。終戦を迎え帰国して会津に帰ろうとしたが仕事がなかった。横須賀に帰還した後就職斡旋所で日窒を紹介され、そのまま日窒に入社した。昭和二十一年、三十二歳の時だった。鉱山に来て大黒坑の採鉱課に配属され、先述のポンプ番の仕事に就いた。

母親はナヲといい、東京の押上で生まれた下町娘だった。戦時中にたまたま六助の知り合いを頼って疎開していて、そのまま終戦を迎えた。

二人は大黒で運命的な出会いを迎え、結婚することになった。英世さんが三十三歳の時だった。大黒の社宅で始まった二人の生活には数年後に女の子が生まれ、その二年後に茂さんが生まれた。家族四人の生活は茂さんが中学を卒業するまで続いた。

茂さんは子供の頃、母親から「父ちゃんが寝てるから外で遊んできな」とよく言われた。だから、家で勉強することなんかなかったと笑う。

一度だけ父親の仕事場を見に行った事がある。休みの日に父親に連れられて姉と三人でカーバイトのカンテラを点けて、ゲージというエレベーターのような機械に乗って大黒坑最下部のポンプ室まで下りた。暗いし寒いしで父親は本当に大変な仕事をしているんだと実感した。一回だけだったが強烈な思い出になっている。

20年勤続表彰を受ける父。「所長が頭を下げているのに…」と言われた写真。

当時、家にもカーバイトのカンテラが置いてあり、停電の時などそのカンテラを点けて灯りにしていた事を思い出す。

父親は酒が好きだった。友人から「新藤さんは酒好きだよな」とよく言われた。さほど量を飲む方ではなかったのだが、酒を飲むと体がゆるゆるになってそのまま寝てしまう事が多かった。だから母親が苦労した。鉱山での生活は厳しく、娯楽がないため男達は酒を飲むくらいしか楽しみがなかったのではないかと思う。そんな父親の気持ちもよくわかるし、介抱する母親の大変さも茂さんはよくわかったという。

父親もそうだったが、鉱山で働いていた人達の中には外面がいい人が多かったように思う。会社という狭い世界で生きているのだから仕方ないことだと思うが、アル中の人が多かったのも、閉塞した生活に対応しきれなかったからだと思う。多くの家では母親が苦労していた。

父親はポンプ番の仕事を長くやったが、後に修理の仕事に回った。地元では「修理」又は「修理屋」と呼ばれ、削岩機のビット研磨、治工具の修理・作成が仕事だった。会社を辞めるまでその仕事を続けた。父親は小柄で手先もあまり器用ではなく、只々、馬鹿の付くほどの「お人好し」だった。勤続二十年の表彰を受けたときの写真を見ながら「所長が頭を下げてるのに、賞状だけ

勤続20年表彰式の写真。神妙な顔が並んでいる。

受け取って横を向いちゃってるんだよね……、考えらんないよね」と笑う。

そんな新藤一家だったが、茂さんが高校（秩父農工）二年の時、急に会社を辞めることになった。姉が高校を卒業して家を出て、茂さんも寮生活になったことで、両親が急に山の生活に張り合いを無くしてしまったのだ。父親が五十二歳の時だった。

定年退職ではなくて途中退社だった。しかし、鉱山の人達は親切だった。引っ越しのトラックなど全てを手配してくれ、同僚からは「ダメだったらいつでも帰って来いよ」と励まされた。父親はそのことをずっと忘れなかった。父親の人柄もあったのだろうが、とてもありがたい事だった。

会社を辞めて山を下り、熊谷に引っ越した。父親は埼玉銀行に再就職でき、熊谷での生活が始まった。茂さんは高校三年生の一年間は熊谷から秩父農工に通った。

父親があの歳で埼玉銀行に就職出来たのは驚きだった。仕事は雑用のような仕事だったが、ひとえに父親の人柄だったのではないかと茂さんはふり返る。

鉱山を出た茂さんだったが、その後はいとこが鉱山にいたのだが、鉱山に行く事はなくなった。三十年くらい前になるが、両親を連れて鉱山跡地に行ったことがあっ

表彰式の後の宴会。父はお酒が好きだった。

た。大黒坑は廃墟となり、両親は雁掛トンネルの前で呆然と立ち尽くしていた。母親が突然泣き出してしまったそうだ。あまりの変わりように感情が高ぶってしまったのだろう。

父親が亡くなる二年前にも姉と父親を連れて行った。その時も感慨深いものがあった。

父・英世さんの仕事中心に話を聞いて来たが、ここからは茂さん自身の話を聞いた。

大黒の社宅で生まれた茂さんは二つ上の姉を追いかけるように元気に育った。学校は小倉沢小中学校に通った。昭和二十七年と二十八年生まれの学年が一番人数が多かった。だいたい五十人くらいだったが、人の移動が多く、人数はどんどん変わった。三年生までは一クラスで、四年生では二クラス、五年生でまた一クラスになり、六年生の時は二クラスだった。中学は中津の子が入るのでずっと二クラスだった。

警備をやっていた梅沢さんの息子の辰雄君が同級生で、よく漫画本の交換をした。茂さんは少年ブックを読んでいて、辰雄君は少年画報を読んでいた。読み終わると交換して楽しんだ。

六年生の時に巡り会った今井先生の事が忘れられない。今井先生は二組の担任で、教室を班分けして、机を

自宅の前で父と母。

子供をあやす父と見守る母。

テーブル状にまとめ、班会議で話し合って自習するスタイルを採った。この班学習は鉱山ならではの教育方法だったと思う。班編制などで自分の意見を言うことの大切さを学んだ。民主教育の実験であったのかもしれないが、茂さんはこの班学習でその後の人生に影響を受けたという。

今井先生は六年生が二クラスになるので急遽採用された先生だった。五月に着任してその一年だけお世話になった。その後は一年生を担任したと記憶している。今井先生のお陰なのかわからないが今でも同級会がずっと続いている。今井先生がその後担任した一年生のクラスも同級会がずっと続いている。

中学一年の時に着任した藤木先生の事もよく覚えている。茂さんはA組だったが、藤木先生はB組の担任だった。藤木先生は国語の先生だった。国語で漢詩の授業を受けたことが印象に残っている。やはりその後の人生に影響を受けた先生だった。

藤木先生はそろばんの一級を持っていて、暗算が得意だった。テストの集計などをパラパラとめくりながら暗算し、その場で平均点を出したのには本当にびっくりし、感激したという。

藤木先生は自由人だった。自由奔放な人で、先生から自由の大切さを教わったという。

雪の日に姉と。後ろは広河原沢への道。

たまには家の外でご飯を食べる時もあった。

鉱山の春はツツジの花がきれいだった。三種類のツツジが咲いた。一番目はピンクのツツジ。ミツバツツジで、この花を女の子は髪に挿して飾ったりした。

二番目もピンクの花で、これはヤシオツツジ。とてもきれいな花だった。

三番目のツツジは赤い色。ヤマツツジの花で、この花を摘み取って細い枝に串刺しにして「花のヤキトリだぁ」などと言いながら食べた。甘酸っぱいおやつだった。どのツツジも岩壁に咲くので岩山との対比がきれいだった。

鉱山の夏はヤマユリの花が見事だった。年に一個花が増えると聞いていた。たくさんの花をつけるヤマユリはそれだけ長く生きている証だと思いながら見ていた。広河原沢の奥の絶壁に咲くので眺めるだけだったが、中には足の達者な人がいて、けものみちを伝って採ってきて庭に植えていた。それにしても大きな白いヤマユリの花は見事だった。

鉱山の秋はなんと言っても紅葉が見事だった。たぶん日本一の紅葉だったと思う。あれだけの紅葉は他で見た事はない。学校で赤岩や両神山に紅葉を見に出かけた。写生もやった。狭いけれど真っ青な空と、赤や黄色の紅葉が本当に美しい対比を見せてくれた。大黒で生まれて

家族で川遊びをしている。

川はきれいで、水は冷たかった。

育ったせいか、本坑の紅葉よりも大黒の紅葉の方がきれいだったように思う。

また秋はヤマブドウの実る時でもあった。ヤマブドウにも二種類あり、一つはエビブドウといいブドウ酒にした。もう一つはマツブドウといい生で食べるブドウだった。エビブドウは枝状に実が成り、マツブドウは房状に実が成る種類だった。

しらくちという実も食べた。切るとキウイフルーツのようだったというから、たぶんサルナシ（こくわ）の事だと思う。山のご馳走だった。

モタセやシメジなどの茸もよく採った。椎茸を自分で栽培している人もいた。岩魚を釣ってくる人もいた。六助の方ではあけびや蕗やスッカンボを採ってきたものだった。

冬は寒さに閉じ込められた世界だった。その中でもソリ遊びやスケートが冬の遊びになった。大黒の入口にあった坂道がソリ遊びの絶好地で、水を撒いて凍らせてソリで滑った。道を凍らせるので大人達にはよく怒られた。梅沢三千恵さんや辰雄君も一緒に遊んだ仲間だった。

スケートは沈殿池でやっていた。茂さんはスケート靴がなかったのであまり遊ばなかった。父親が修理部署で働いている人の子は親にスケート靴を作ってもらえるので羨ましかった。その時はまだ父親は修理の仕事ではな

冬の防寒は厳重だった。

姉のセーラー服姿。後ろは通学する山道。

く、ポンプ番だった。中学三年の時にやっとスケート靴を買ってもらって、その時は本当に嬉しかった。

雪が降れば雪合戦や雪だるま作りで遊んだ。雪が降ると山道を歩く通学が大変だった。雁掛トンネルが中学の時に出来たので、その後は通学が楽になった。

年に一度の山神祭は楽しみだった。屋台がたくさん出た。ヨーヨーや金魚すくい、お面の屋台が出た。食べ物の屋台もあったような気がする。当時まだトンネルは出来ていなかったので、みんな山道を越えて運んできたものだろう。すごいにぎやかだった。

芸能人もいっぱい来た。大津美子や牧伸二、藤島桓夫、三浦洸一などを覚えている。日用品を売っている屋台があって、そこで母親が欲しいと言っていた朱肉を買って喜ばれた事があった。朱肉を買ってしまった為に、自分が欲しいものが買えなかった事の方を覚えているんだから面白いよねと茂さんは笑う。

山神祭以外でもイベントがあった。中学時代、グループサウンズが人気だったころ、アマチュアバンドが鉱山にやって来てライブを開催した。その時のドラムやベース、エレキギターの生演奏に衝撃を受けた。実際に音を聞いたのが初めてだったので強烈に覚えている。

毎週日曜日には集会場で映画をやっていた。大人用の緑の券と子供用のピンクの券があって、大人向けの映画

取材の時、鉱山の原島商店が景品で配ったというお皿を見せてくれた。

には子供たちは入れてもらえなかった。

子供時代、野球道具とグローブが欲しかった。茂さんは左利きで、変な癖が付くからと先輩達も貸すのを嫌がった。五年生になってやっとグローブを買ってもらったのだが、いつも借りていたグローブと形がまったく違うので交換してもらおうと思った。よく見たら、それが左利き用のグローブで、初めて見たのでわからなかったと笑う。左利きのハンデはいつも茂さんに付いて回った。

一番嬉しかったのは六年生の時に自転車を買ってもらった事だった。自転車が乗れるようになったら買ってやると父親に言われ、嫌いな同級生に頭を下げて自転車を借りて乗る練習をした。その甲斐あって乗れるようになり、約束通り自転車を買ってもらった。

しかし、あろうことかそんな大切な自転車に鍵をかけ忘れて盗まれてしまった。中津の鉄砲堰の淵に泳ぎに行った時の事だった。買ってもらって二ヶ月後の事だった。

すっかり意気消沈してしまったのだが、天は茂さんを見捨てなかった。釣りをやっていた近所の富田さんが茂さんの自転車を覚えていて、川で発見したのだ。「乗り捨てられてたよ」と連絡してくれた。父親と富田さんが回収に行き、無事に自転車が手元に戻った。この時は本当に嬉しかった。自転車が帰って来て本当に良かった。

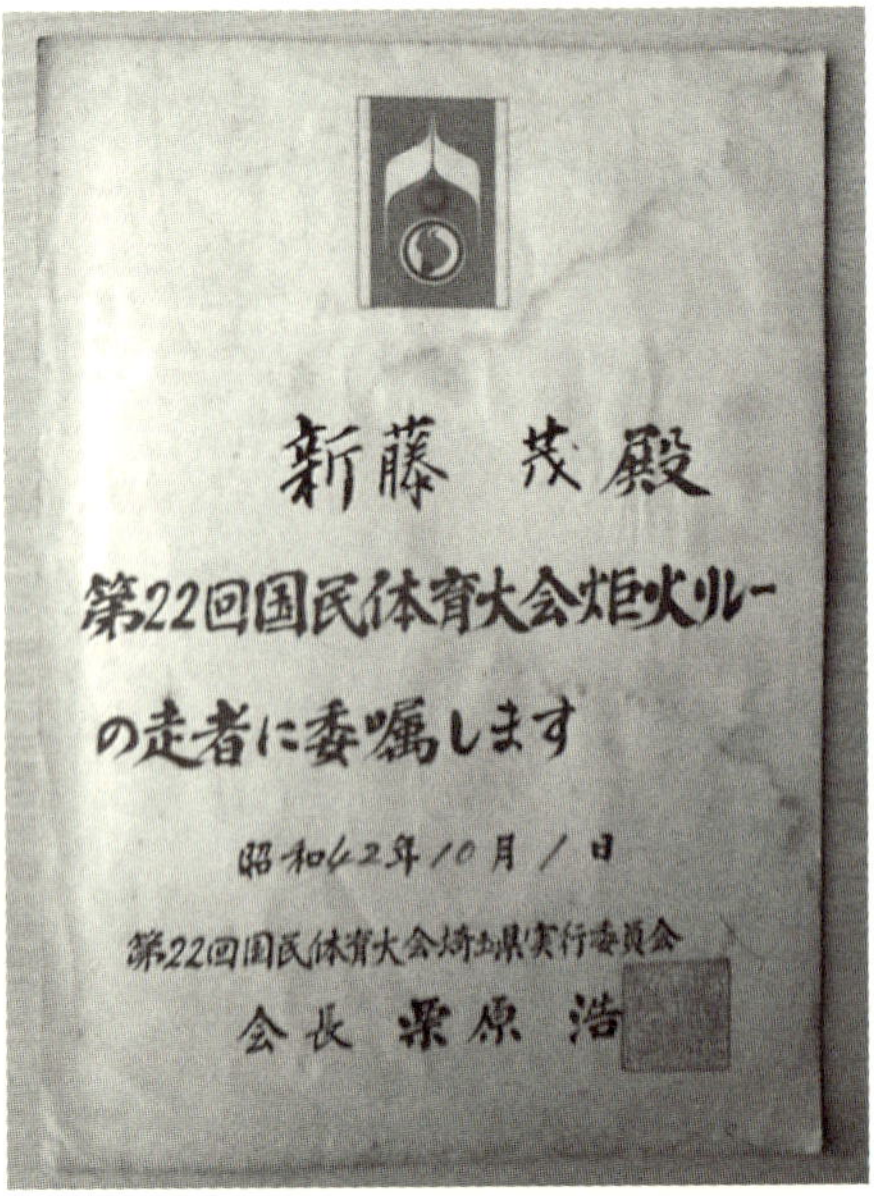


中学の時に埼玉国体があり、茂さんは聖火ランナーを務めた。
その時の委嘱状と記念メダル。良い思い出だという。

母親が東京下町・押上の生まれだったので東京の話をよく聞いていた。大黒の奥という少し虐げられた感じのする住まいだったので、早く鉱山を出たいと思っていた。

学校で何かある度に「大黒の子か、組の子か……」という声が上がるのがすごく厭だった。先生の中にも社員の子をひいきする先生がいた。組の子はなにかと差別される事が多かったが、茂さん達は普通に一緒に遊んでいた。三角ベースなどはみんなでやっていた。

社宅も社員の家とは違っていた。社員は流し・トイレ・三部屋という大きさに対して、鉱員の社宅は共同トイレ・共同流し・二部屋という狭さだった。

何となくいろいろな事が重なって「早くここを出たい……」という思いになっていたのだと思う……と茂さんは昔をふり返る。

茂さんにとって鉱山はどんなところでしたか？ と聞いたみた。あそこはにぎやかで明るい所だった。そして、自然の宝庫だった。当時は都会へのあこがれが大きかったけど、今思うといい所で育ったのだと思う。悪い思い出はないが、特に良かったというほどでもない。懐かしい場所ですねという答え。

最後は「今まで鉱山の事を総括して考えることなんてなかったから、今回は気持ちの整理という意味でも話が出来て良かったです……」と結んでくれた。

## 大井國弘さん（故人）

小倉沢最後の住人だった大井國弘さんの自伝。

# 日窒鉱山とともに四十五年

大井國弘

## はじめに

私が大滝村にお世話になるようになってから、はや半世紀が過ぎました。早いものです。

今回、私の生い立ちや、特に日窒鉱山での思い出や体験をぜひまとめてもらいたいという進言をいただき、多分に「自分史」的なものになろうかと思いますが、筆をとってみることにしました。とても書ききれない思い出でいっぱいですが、書いてみます。

なお、ふつうには「秩父鉱山」と言われるのだと思いますが、ここでは以下、地元での言い方の「日窒鉱山」と言わせていただくことにします。

## 大滝村へ

私が生まれたのは上州です。「上州名物」と言えば「かかあ天下と空っ風」で有名ですが、その群馬県安中市の農家の六人兄弟の次男として生まれました。米麦、養蚕等で生計を立てていた集落の一農家です。昭和四（一九二九）年のことです。

学校卒業後、当時は太平洋戦争の真っ只中で、遠くパラオ島へ出征した兄の無事を祈りながら、私は群馬県尾島町の中島飛行機製作所に入社しました。しかし、仕事に慣れる間もなく、兄の戦死の知らせがありました。その後間もなく終戦を迎え、実家に帰りました。

昭和二一（一九四六）年、福岡県の親和工業に入社。そのいきさつについては長くなるので省略しますが、是木忠治さん宅に間借・世話になり、建設の始まっていた宇の島の発電所の土木工事などに従事しました。しかし、昭和二四（一九四九）年、実家のお爺さんの危篤の連絡で実家に戻り、しばらくは農業を手伝いながら過ごしました。

そんなある日、鉱業権者だった親戚の叔母さんから大滝村塩沢の鉱山の話を聞き、実家は弟にまかせることとして、行ってみることにしました。そこは、作業員六名ほどの小さな「羽切鉱山」でした。中津川の左岸に開けられた、鉱脈の幅およそ五〇センチの良質の磁鉄鉱を掘る鉱山でした。近々、完成間近の滝沢ダムの貯水で坑口が見えなくなってしまうのは、残念な思いがします。

当時は、地元の山中照義さんの家を借用しました。まだ電気の来ていない塩沢部落（たしか一八戸、六〇人強が居住）はランプの生活で、けっして楽なものとは言えませんでした。お米も充分になく、麦のほうが多いご飯を食べながら、仕事に打ち込みました。しかしそこは、二年ほどで閉山となりました。

私は、一緒に来た人たちと群馬に帰るつもりでいました。しかし、知人もでき、みな親切な人たちばかりで住みよい所なので、「山仕事でも……」と思い、大滝に残ることにしました。

そのことを、みんなの食事の世話をしてくれていた岡テイ子さんに話したところ、私もここで暮らしたいとのことでしたので、昭和二九（一九五四）年、鉱山事務所として使っていた山中さん宅に近所の人たちに集まっていただき、結婚の報告をして入籍しました。新居としては、その山中さん宅を借用して、二人で暮らすことにしました。

当時は、交通の便も悪く、三峰口駅から日窒鉱山・大黒坑への路線バスが一日一往復だけでした。ですから、いろいろな家庭用品を買いそろえるために秩父まで行くのに、途中でバスが来たら乗ろうと思って歩き出したのですが結局来なかったので三峰口駅までは歩きで、そこからやっと秩父鉄道に乗り、秩父に出ました。その日は秩父に泊まり、翌日、重たい荷物を二人で持ち帰りました。翌日はバスに乗れました。いま思えば昨日のように思え、その当時の妻の顔が目に浮かんできます。

ただ、一日の疲れを流したいお風呂はもらい湯なので、早く自分たちのお風呂を持ちたいと思いました。しかし充分なお金もなく、実家にも話もできず悩んでいました。ある日、何気なく妹に打ち明けたところ、自分の将来のための貯金を、当時のお金で二〇〇〇〇円貸して

高篠のオープンガーデンで千島敬子さんと花を観賞する。

くれました。本当にありがたく、心から感謝しました。いく日かたってから、実家の父から風呂釜が送られてきました。妹が父に話したようです。早々に父に感謝の手紙を書き、近況を知らせました。一日も早く妹に返済しなくては……と、一生懸命働きました。

その後、地元の人五人で「青柳鉱山」で五か月間働きました。この青柳鉱山、鉱業権者が変わったため、羽切鉱山から名前が変わったものです。しかし、給料もなく閉山しました。

この時代のなつかしい思い出として、なんとか生活費を稼がなければならないと、私が仕事を請け負ってきて、「妙法鉱山」(「荒川鉱山」とも呼ばれている)で使われていた探鉱用のボーリング機械をはじめとした重量荷物の運搬の仕事があります。部落の人たち何人か、とでした。

当時私は、その後「日窒鉱山」にお世話になろうとは夢にも思っていませんでしたが、この妙法鉱山は日窒鉱業㈱が保有する鉱山で、雁坂峠北西部の標高一七〇〇メートルの高地にある磁鉄鉱の鉱山でした。荒川本流をさかのぼり、川又からえんえんとケモノ道をたよりに、途中、カモシカも飛び出したりしながら鉱山に着きました。もちろん生活資材を背負って、ドラム缶で風呂を沸かし、一週間も寝泊まりしました。そして、四〇キロを

贄川の縁側展にて、千島敬子さんと。自分が作った小物も販売した。

超える荷物の運搬です。きつい仕事でした。

また塩沢には、中津川の左岸を少しばかり登った所に、昔掘られたと思われる不思議な坑口がありました。坑道はやっと人一人が入れるくらいの長方形で、後ろ向きでズリ下がってくるしか、出られようもないものでした（鉱山では廃石を「ズリ」と言いますが、このようにして廃石をズリ出したことが語源だと聞きます）。当時は、岩石を火を焚いて熱し、そこへ水をかけてもろくしてから、鎚（つち）と鏨（たがね）とで掘っていったと聞きます。不思議というのは坑道の入口の、ちょうど頭がぶつかる部分があえて三角に削られていたからです。部落の人たちはこれを、チョンマゲがぶつからないようにしたのだ……などと話していましたが、なんとも不思議な坑口でした。部落の人たちはまた、これは武田の金山衆が掘ったものだと言っていましたが、定かではありません。

そうこうしながら、昭和三三（一九五八）年に秩父営林署塩沢支部に入り、二年と少しぐらい過ぎたころ、中津川の幸島様（かつて江戸時代、平賀源内が鉱山開発のために自ら設計・居住した「源内居」をお持ちの名家です）の長女ヤヨイさんから。「日窒鉱山」の話を聞きました。

私は、これからの家族のことを思うと鉱山で働いたほ

毎年恒例になっていた山梨での柿取り。

うが生活も安定すると考え、妻テイ子に相談しました。その時は三人の子どもの親でした。いまいちばん頑張らなければと思いながら、いろいろ考えました。特に、子どものことを考えると、塩沢から大滝の小学校に通わせるのも大変で、朝は早く、夕方は遅く、途中まで親たちが迎えに出なくてはならない不便な所なので（中双里に分校がありましたが管轄が違うとのことで入れませんでした）、子どもたちのためにもと思い、鉱山に入ることにしました。

面接試験を受けました。そのころ日窒鉱山は従業員七〇〇人ほどで、なかなか入社できない時でした。三人の子どものことを思うと入社できるのか心配しながら、面接試験に挑みました。

面接試験の内容は、刺青はしているのか、お酒はどれくらい飲むのか……とか、いろいろなことを聞かれました。

それから一週間ほどで採用の通知をいただき、入社することができました。

**鉱山での新しい生活（その一）**

昭和三六（一九六一）年六月、社宅に空きがないため、私は、家族と別れ、単身で鉱山に行き、小倉寮に入りました。そこは、六畳の部屋で、コタツもなく、ただ寝起きするだけの部屋でした。

私は、家族のことを思いながら、新しい所での家族との生活に向け、頑張りました。幸い四ヶ月ほどで社宅に空きができたので（社宅の家賃、水道・電気代は鉱山持ちなので、どんなに待望したことか！）、いよいよ家族を呼び、新しい生活を始めることになりました。一〇月のことでした。

当時は現在のようなトンネルもなく、曲がりくねった山道を、子どもの手を引き、背中には大きな荷物を背負い、ところどころで休みながら、会社に着きました。

早々に社宅に案内されたのですが、しかしそこは、赤岩岳のふもとで南向きの家でしたが粗末な一間で、すきま風がピューピュー入り込む、寒々とした家でした。しかも、その日にかぎり小雪の舞う寒い日で、子どもたちに早く暖をとらせようと、食べることと居間の準備で大変でした。

そんな時、隣に住む江原さんが、「きょうはすごく寒いので……」と子どもたちを連れて行き、暖かい家でお世話してくれたのです。私たちにとって初めての土地で不安な時でしたが、江原さんの好意に心から感謝するとともに、これからの鉱山の生活に勇気を持ちました。

間もなく、大黒坑まで運ばれていた家財道具が索道で送られてきました。索道の荷物の上げ下ろし場所は、映画館の上方近くにありました（現在は更地になっています）。さっそく荷受けに、何度も足を運びました。荷物を片付け、部屋に布団を引き並べ、子どもたちを迎えに江原さん宅に行き、お世話になったお礼を言い、部屋に帰りました。夜になると寒さもいちだんと厳しくなりましたが、忙しい一日を振り返る間もなく、眠りにつきました。

ここで、江原さんについてひとこと。江原さんは当時、鉱山が使う炭を、会社から頼まれて焼いていた組の頭です。炭焼き窯は、六助坑へ行く途中にありました。いまでも、よく探すと、その跡があるはずです。

当時の鉱山の様子ですが、まだ交通の便が悪く、雁掛トンネルの開通を間近にして、特に大黒坑と小倉沢との間の山越えの山道の荷物運搬のためだったと思いますが、牛一頭が飼われていたのが印象的です。

交通の便は悪くても、しかし塩沢での生活とは違い、ありがたいことに社内には三軒ものお店がありました。秩父市内でも売られていたかどうかわからないソフトクリームすら売る店もありました。いままでの生活を思うと、山奥なのに便利な所だと思いました。それにくわえ、学校、保育園、診療所、郵便局、床屋さん二軒、会社の供給所、娯楽施設として映画館等がありました。

社宅の奥さん方（当時は「社員」と呼ばれていましたが会社の中で役職の高い人の奥さん方のことで、トタン屋根ではなく瓦屋根の、日当たりの良い社宅に住んでいました）は、モンペ姿の人などおらず、みな、ズボン、スカート、着物姿で、町の中で暮らしているような錯覚でした。

また、日曜の夕方になると映画館で映画の上映があり、大勢で出かけて楽しいひとときを過ごし、映画のない日はダンスなどをしており、優雅な生活を目の前に見ました。

しかし、まだ本採用になっていない私は、家族とともに陰のほうで細々と暮らしておりました。

ここでひとことエピソードめいたことを。

先にも書きましたが、当時のバスは三峰口駅から大黒坑まで。しかも道路はとても狭かったのです。そのため、二つの特徴的なことがありました。

一つは、バスの形です。中津峡や、出合から上流の神流川の峡谷の崖を削っての道路ですから、狭く、あちこちに岩が突き出ていました。だからバスは、突き出た岩にぶつからないように。両肩が削られた形をしていたのです。

もう一つは、バスの運転手が言っていたことです。道路はバス一台がやっと通れる道でしたから、通学で歩いている子どもたちは、バスが来るとわかると、少しでも安全な所を見つけて、あたかもトカゲかなにかが岩に貼りつくように岩肌に貼りついたのです。中津の子どもたちはすばしっこいね。これがバスの運転手の言っていたことでした。

なお、鉱石の輸送についてひとこと。中津鉱床からの褐鉄鉱はトラックで三峰口駅まで輸送されていましたが、小倉沢の選鉱場から京浜工業地帯等の製錬所に送られる鉱石は、索道で、八丁峠を越えて、小鹿野町の納宮から両神村の小森を経て、三峰口駅そばの貯鉱場に運ばれていました（総延長二二キロ、昭和四八（一九七三）年に撤去）。

鉱山に移ってきてから少しして開通した雁掛トンネルは、人と車の往来、そして鉱山での生活に、大きな変化をもたらしました。

## 鉱山での新しい生活（その二）

次に仕事のことです。

昭和三六（一九六一）年、入社はできたものの、まず「養成所」への入所です。私は、二年近く、鉱山の仕事についていろいろ教育を受けながら、仕事しました。

養成所は寮の一室にありました。当時の入所者数は七～八名だったと思います。私を年長者として、多くは二〇歳台前半の青年たちでした。養成期間は人によって違っていました。だいたい一年から三年といったところでした。ここで、教育を受けながら、向き不向きや資質などについて、判断・人選が行われました。

この時期の仕事として印象的なものの一つに、現在の

退職後よく通っていたダムサイトの「源流の里」。話し相手になってもらった。

雁掛トンネルの真東にある第一堆積場の堰堤のかさ上げ工事があります。現在でこそ第二堆積場もできていますが、あの時は第一堆積場だけで、単に堆積場と呼ばれていました。鉱山は、選鉱場から排出されるスライム（鉱石を砕いて金属部分と廃石部分とに分け、金属部分を取り除いた後の軟泥状の廃石）の捨て先として、どうしても堆積場を必要とします。いわば、増える一方の泥を貯めるダムです。私は、かつて親和工業での土木の経験などがあるため、ダムの堰堤のかさ上げ工事を命じられたのでした。

この時期、もうしばらくしてのことですが、私は、自分の人生にとって忘れられない、もう一つの体験があります。いま考えるとゾッとするようなおそろしい体験で、よくぞできたと思っています。

ある日の深夜、眠っているところをたたき起こされたのです。理由は、すでに第二堆積場が作られて運用され始めた時で、最も微粒のスライム（堆積場の上水（うわみず）中からサイクロンで採取したもの）は堆積場ではなく六助坑の採掘終了後の坑内に排出されることとなっており、そのスライムを送るパイプの先端が、すでにたまって山となったスライムのてっぺんに当たって詰まったようなので、詰まりを直して来い、と言うのです。

第二堆積場は雁掛沢に作られ、最も微粒のスライムは、ワーマンポンプで圧をかけた三インチパイプの中を通って、雁掛沢の上部に位置する六助鉱区に至る坑内の各所を経由して上へ、上へとリレー方式で運ばれ、坑内に排出・充填されますから、詰まった場所を捜しながら、真っ暗な坑道を延々と歩いて行くことになります。

午前二時少し前だったか、上司の命令ですから、たった一人で、懐中電灯の明かりをたよりに、保育園わきの山道を登り始め、教員宿舎わきを通って延々と歩き、六助坑の坑口にたどりつき、入坑しました。この坑道はまだ一度も入ったことがないのに、です。真っ暗な坑道は、途中で何箇所も分岐していますから、レールと水音だけをたよりに、どこが詰まっているのか、ひたすら歩き、登り、探し当て、直しました。よくぞ坑内で迷子にならなかったと思います。

仕事を終えて雁掛沢上部の坑口から出てきた時には、空は白々となっていました。

当時、雁掛沢堆積場の管理は、一人ずつ三交代でやっていましたから、管理担当の人は、あのような時間に上から降りてきた私を見つけて驚き、わけを話してねぎらわれたことを、いまさらのように覚えております。

**土建係から水道関係の仕事へ**

入社翌年の昭和三七（一九六二）年四月、長女が小倉沢小学校に入学しました。学校は小中合同の小倉沢小中学校で、小学生二六一名、中学生一九〇名の大勢の生徒数。入学記念にラジオを購入し、みんなで放送を楽しみました。

ここで話が前後しますが、鉱山に来てうれしかったのは、電気のあるところに来たということでした。ランプの生活から、あの電灯の明るさ！　ラジオを購入したことがどんなにうれしいことだったか、わかっていただけると思います。

なお、中学生になると、中津川地区からも生徒たちは小倉沢小中学校に登校しました。一時間以上かかったと思います。（なお当時、中津川最西端の王冠からも登校する生徒がいたと聞きますから片道だけで二時間半はかかったでしょう）。

しかし、当時の子どもたちの運動会の活気に満ちた光景、映画館に興行でやってくる当時の一流の芸能人たち、毎年五月に行われる山神社のお祭り……、なつかしい思い出です。

そして、この鉱山は戦後急速に開発された鉱山として全国から坑夫たちが集まってきました。全国各地の方言が交わされるのも、この鉱山の特徴でした。そこで喧嘩などしようものなら、即刻クビでした。

大滝の中心部から地理的に離れていることもあって、大滝にあって、大滝でないような所、それがこの鉱山でした。

あくる年の昭和三八（一九六三）年三月、念願の本採用になりました。私は、土建係に配属されました。それまでの土建の経験をかわれたのではないかと思います。

そのころの小倉沢地区には、子どもたちも合わせて、一八〇〇人くらい居たと思います。村会議員も三名出ていました。

昭和四一（一九六六）年、中津川地区の猿市（現在、彩の国ふれあいの森・森林科学館が建てられている所）に、社宅四四世帯分が新築されました。「中津社宅」と名づけられました。この新築は、特に昭和三四（一九五九）年からの道伸窪鉱区での大規模な鉄鉱床開発にともなって本邦屈指の大鉱山の一つとなり、小倉沢地区が手狭になったからではないか、と思います。

私は、社宅への水道供給の必要から、会社命令で引っ越しました。そこには、一五〇名ほどが生活することになりました。この中津社宅から従業員は、四キロほどの道のりを、会社運行のバスで本坑（小倉沢）まで通勤しました。

私はその時、大滝消防団に入団。妻は中津社宅の共同浴場の仕事につきました。

私は、仕事の都合上、運転免許が必要となり仕事が終わると秩父まで（五〇キロ）の、ほとんど未舗装の悪路をバイクで通い、免許を取得しました。

また、戦争中に英語教育が廃止となったため、娘の中学進学と同時に娘から教わりながら英語の勉強もしましたし、国家試験受検をはじめ、二級施工管理士等々の資格も得ました。現在役立っているのは運転免許だけですが。

中津社宅時代のことを思う時、冬場の水道水の確保が大変だったことが忘れられません。中津川の河床は現在より低く、しかも厳しい寒さで凍ってしまうのです。そのため毎晩九時、川まで降りていってポンプを点検し、家に帰って来た際、玄関のドアの取っ手に手のひらが張りついてしまうこともあったからです。当時はゴム手袋などなかったのですから。

仕事も、昭和四四（一九六九）年には環境保全課保全室に、四八（一九七三）年には資源開発本部保全室に変わり、順調にすすめることができました。（なお昭和四八年は、それまでの日窒鉱業㈱から、日窒鉱山㈱に社名変更となった年です）。

当時の仕事で、ひとつだけ印象深い思い出をあげておきます。道伸窪鉱床の坑内下部から湧いていた温泉についてです。ややぬるめだったので沸かしていましたが、会社の合宿所の風呂と寮生浴場とで使われていました。

温泉は坑内の深いところから押し上げポンプで送られていました。ところが、ポンプの維持・管理・修理のために入坑する際、そこはガスが充満するところだったのです。引火性のものではないのですが、酸欠になるのです。ある時、電気屋さんと一緒に入った時、酸欠に陥ったことがあります。ではどうしていたか。縦坑から下へ、巻き上げ機でカンテラを下ろし、火が消えないことを確認してからポンプのところへ下りてゆき（これも巻き上げ機で）、作業を開始したものです。

あの温泉については、かつて大滝村としても利用の方法を探ったことがありましたが実現に至らず、現在、地下水で水没しているのは、なにかもったいない感じがします。

中津の社宅に入って間もなく、大阪万博が始まるのを機会にテレビを購入しました。珍しいので近所の人が見に来ました。また妻の実家が和歌山なので、夏休みを利用して一週間の予定で里帰りをしました。ついでに家族五人で万博見物をしました。妻の実家でお世話になりましたが、おかげさまで楽しい旅行もでき、子どもたちもよい思い出の夏休みになったと喜んでいました。

しかし、この「中津社宅」も、中津坑の閉山（昭和四四〔一九六九〕年）とか、鉱山の規模縮小とともに四年くらいで閉鎖になり。私の家族を含め、従業員は小倉沢のほうに引っ越しました。

小倉沢に移ってから昭和四八（一九七三）年一月、いままで郵便集配員をしていた強矢さんが退職するので、会社のほうから大井さんの奥さんに引き受けてもらえないかという話があり、引き受けることにしました。以後、妻は毎日歩きながら、小倉沢地区の郵便の集配を、雨の日も雪の日も休むことなく頑張りました。

そのころ、私は青森県の「佐井鉱山」閉山にともない、台風で坑廃水処理施設が決壊したため、その復旧工事応援で二ヶ月くらいずつ青森まで出張していました。帰りはいつも、下北半島最北端の大間からフェリーで北海道に渡り、飛行機で帰ってきました。

また、横瀬川支流域の黄銅鉱・黄鉄鉱が掘られていた坑口の爆破に行ったこともあります。三つくらいの坑口があったでしょうか。開いたままでは危険だからです。

## 妻の仕事を引き継いで

その後、その他、いろいろなことが書ききれないほどあります。

暮らしぶりそのものを揺るがすいちばん大きなできごとは、昭和四八（一九七三）年の鉄・鉛の採掘終了、昭和五三（一九七八）年の銅の採掘中止でした。円高、石油ショックによる世界不況は鉱山を直撃しました。売鉱不振で合理化を余儀なくされたのですから。

小倉沢地区から人々が他の地域に移ってゆきました。学校も閉校になりました。保育園も、診療所もなくなりました。

日窒鉱山㈱も、昭和五八（一九八三）年には日窒工業

㈱に、平成元（一九八九）年には㈱ニッチツに、社名変更となりました。

それにしてもしかし、おかげさまで子どもたちも卒業し会社に勤めておりましたが次々と結婚し、親元を離れてゆき、また妻と二人の生活に戻りました。

私たちは結婚式を挙げることができませんでしたので、せめて子どもたちには人並みの結婚式をさせてあげたいと、一生懸命働きました。いまでは三人の子どもも自分の家をもち、暮らしております。なによりも私たちの励みになったのはかわいい五人の孫で、休みになると、おじいさんおばあさん元気かと顔を見せに来てくれるのが、いちばんでした。

妻も郵便の仕事を始めて二〇年になりました。平成一〇（一九九八）年五月郵政大臣表彰を、翌年には内閣総理大臣より黄綬褒章拝受の栄をうけたまわり、感激の極みでございます。その喜びの上に、私が平成一二（二〇〇〇）年一〇月、通産大臣より表彰を受け、喜びながら勤めていました。また、毎年五月に行われる山神社の式典で会社の社長からも表彰を受けました。

しかし、それから数日後、妻が庭先で転び、大腿骨骨折で五ヶ月ほどの入院生活を送りました。退院後は長男の嫁さんの介護を受けておりましたが、いろいろと大変なので私が面倒をみることにしました。

残念なことに体が不自由になった妻は郵便の仕事もできないので、私は会社を退職して妻の仕事を引き継ぐことにしました。

妻は入退院を繰り返し、子どもや嫁さんに大変世話になりましたが、平成一四（二〇〇二）年八月、介護の甲斐もなく急性呼吸不全で突然この世を去ってしまいました。四九年間、ともに苦労をして三人いや私を含めて四人の子どもを一人前に育ててくれた妻に感謝の気持ちでいっぱいです。仏壇の前で話しかけながら、この四九年間をふりかえってみますと、一つ一つが思い出ばかりで胸がいっぱいになります。

毎月九日の命日には、お墓に参るように心がけています。特に平成一五（二〇〇三）年の一月二月は雪が多く、その中に眠っている妻を思うとかわいそうで、お墓参りをして帰る時もいくどもふりかえり、重い足どりで別れてきました。家に帰り、自分だけ暖かい所に……と思うとなかなか寝就けず、朝になってしまうこともいくどもありました。

みなさんからの「頑張って！」という言葉に励まされ、早く忘れようと次々仕事を見つけるように心がけ、近頃は少しずつ一人の生活に慣れてきました。郵便の休みの日は、子どもの所への行き帰りに一週間分の買い物をしてきます。近所もなく冷え切った暗い所の家に帰る寂しさは言葉に表すこともできず、なにを食べても美味しくありません。

私の趣味として硯、墨、毛筆の愛好家としても楽しみ、それに気を紛らわしながら、体に気を付けて頑張っています。

特にこの奥秩父連山の一角、海抜八六〇メートルの高いところの鉱山の山の家で一人暮らしていますと、山野草の写真撮影や、鉱物採取、鉱山・産業遺産探訪、地学巡検など、わざわざここを訪ねて来るいろいろな方々と知り合い、ひと時を忘れ、話を楽しんでいます。時に滝沢ダム・インフォメーションわきの「源流の里」の千島さんから紹介されたと、たびたび人が訪れてきます。

大滝に住んで五〇年を越えました。大きく変わりました。八丁トンネルの開通。そして最近の雁坂トンネルの開通により、山梨へは四〇分くらいで行くことができるようになりました。とても住みよくなりました。他方では、滝の沢・浜平・塩沢の部落の移転、滝沢ダムの完成間近もあります。そして秩父市との合併……

**おわりに**

先般、東京理科大学の満川常弘先生と知り合い、鉱山の話をして楽しく過ごしました。

帰りに先生が、大井さんの人生の歩みを綴ってみてはどうか、鉱山の思い出を活字に残してもらいたい……と言われましたので、昔のことを思い出しながら書いてみました。書きあがったものにもていねいな助言をいただきました。

できれば写真や地図、年表も添えられれば……と思いましたが、長くなるので我慢します。

最後に、いちいち名前はあげませんでしたが、きょうまで私を支えてきてくださったすべての方々に、心からの御礼を申し上げます。

後日、子どもや孫たちが私の歩んだ道を知ってもらえたらと思います。ほかにもいろいろと書きたいことがありますが、このへんで筆を止めさせていただきます。

今はなくなってしまった「源流の里」。

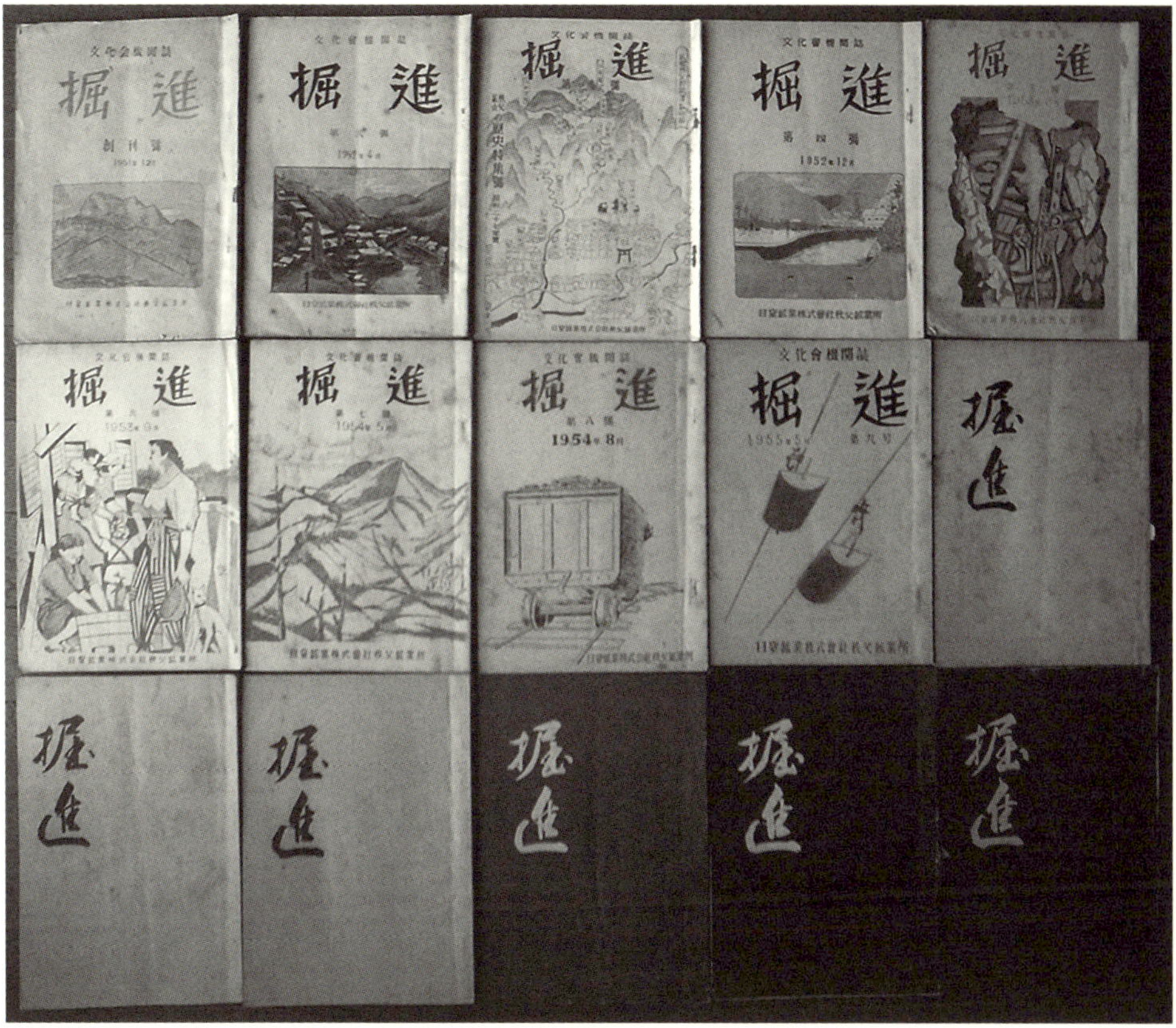


文化会機関誌

# 掘進《くつしん》

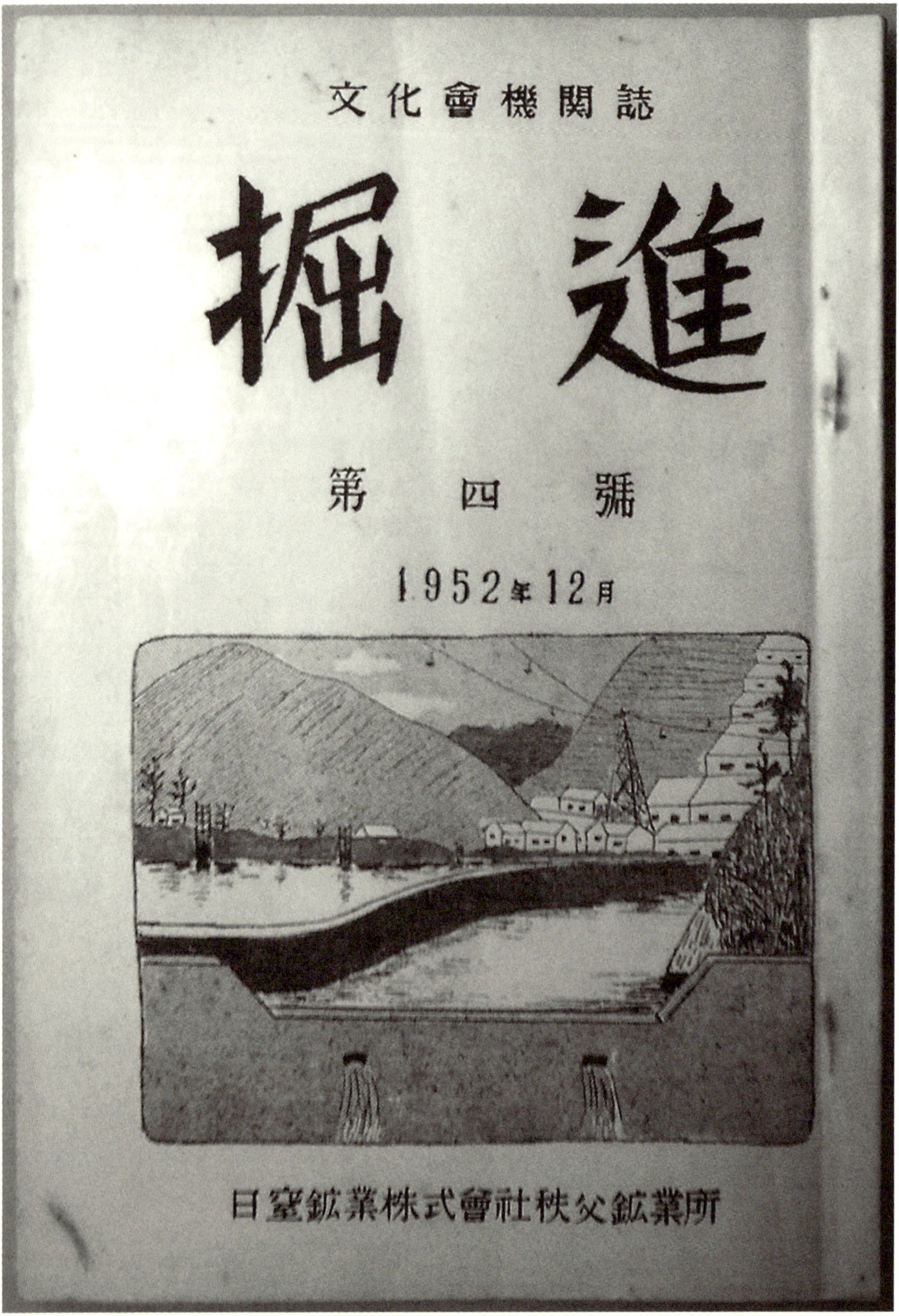
文化會機關誌
掘進
第四號
1952年12月
日窒鉱業株式會社秩父鉱業所

# 特集　職場探訪記

（昭和二十七年十二月発行「掘進」第四号掲載。原文のまま収録しました。）

# 採鉱覗記

辻　景之

昔なら本坑からダム上の切通しを越えると、ダッダッとシャプナーの響が聞えて来たものである。峠の上では遠雷のごとく、峠を下りるにしたがって、その響は腹底に浸んだものだった。これは外部からは見えない坑内現場の活発な活動状況を表現したような音響であった。

それも昔、いまは井ゲタロイの使用によって、シャプナーの響もまれで、只コンプレッサーの音と、大黒索道線のローラーのきしみが聞えるばかり。

しかし、これは外界の話、坑内にあっては機械化や新採掘法の導入によって僅か二ヶ年間で採掘量にみて一千噸も上廻る採掘や、四台のボーリング機械による探査に、わが秩父鉱山の生死をかけて坑内作業員諸君が奮闘しているのである。

探鉱は木村係長のもとに調査企画、機械、及び滝上坑を大平社員、坑内上部を高木社員、下部を長田社員が責任者として担当している。

大平社員の下では、山口、上川、蒲田三社員がそれぞれ研究課題を持って研究しており機械関係は斉藤社員、滝上坑は山中社員が担当している。上部は高木社員の下に今井、桐越両社員、下部は長田社員の下に大河原、町田両社員が交替係員として勤務している。このほか中津川鉄鉱を田村社員、索道を大平社員の下で福島社員、事務を安川社員が担任しているというのが現在の採鉱係の大まかな責任分担表である。

採鉱係といえば、何といっても鉱山の花形であり第一線である。坑内係員たちは作業員の番割を済すと坑内帽に、右手に探鉱ハンマー、左手にカンテラという凛々しい出で立ちで坑内の担当箇所に降りてゆく。

一の方でいうと、午前中は各自の担当箇所を、隅から隅まで巡回し、その間作業員に作業の手配や指示をなし、天磐を敲いて浮石や落盤等危険な箇所はないかと点検するのである。

若しも危険な箇所があれば率先身を挺して浮石も、浮いた天盤も落して危険の箇所を無くさねばならない。こうして毎日平均五キロ以上を歩くという話も決して誇張ではなく、楽な役目ではないのである。

五キロといえば第一合宿から出合ぐらいまでの距離であるが、坑道から切羽、切羽から坑道えと、カンテラの光を頼りに、ハンマーで岩盤を敲きながら人道梯子をよじ、且つ歩きまわるのである。その間自分の身は勿論、多数の作業員の安全にも細心の注意を払っているのだ。

記者も度々坑内見学に出掛けるが、竪坑の近くには三・四人の作業員を見受けるが、自分の下げたカンテラの光で足許を照しながら、切羽から切羽に伝い歩くときは、鑿岩機の音も絶え、この暗黒の地底に、自分ひとりが置き去りにされたかのような心細さと不安を感じたものである。

そしていま自分の居る位置さえも判らなくなるのであるが、新採用の作業員が独り歩き出来るには約一ヶ月を要するというのも無理からぬ話である。

広大な切羽などは高さが三十米近くもあって、天盤の一部を破れば上部の坑道へ通ずるようなところもある。カンテラをかざして周囲を見廻す記者の影が、岩壁に、天盤にゆらめいて、静かな水漏れの音とともにうす気味の悪いものである。

このことは独り素人の記者に限ったことではない。係員も馴れるまでは大変であったろうし、鑿岩夫や切羽手子、車夫等々、全部の作業員にも云えることであった。九月下旬、落盤事故で李師宗平君の殉職したあと、一週間ぐらいは坑内に入るのは気味が悪いなあ、と語っていた若い作業員の言葉を思い出す。

採掘量がこの二年間ほどの間に一千噸も増加したことは前にも記したが、これには所長、課長の苦心はさりながら、現場係員や作業員の並々ならぬ努力の結晶といえよう。この場合人員においては減ってはいても増してはいないのだから頭が下がる。

現場係員は語るのである……。自分達は更に改善に改善を、研究に研究を重ねて更に生産の増加を計るつもりだ。しかしだね、流れ作業であるため、鑿岩機の起才量をあげても、鉱車や竪坑の輸送能力に押えられて鑿岩が不可能になることもあり、坑内輸送の問題を解決しても貯鉱舎の容量に押えられるということになってわれわれの苦心もなかなか結実しないんですよ。

例えば選鉱場の処理能力が減って、選鉱上部の貯鉱舎が一ぱいになれば鑿岩機も止ってしまうことを従業員全員は知って貰いたいのです。

選鉱場の電気、機械或は土建関係の工事、修理が遅れることは選鉱場の処理容量が減じる原因にもなり、工事、修理関係の遅れることには又、事務関係の手配や手続などのことも原因になるってことを、皆でよく認識し合って、互に、その職場職場で能率の向上と生産の増加に真剣になって貰いたいと希っているんです。勿論、採鉱の事故が他の係え影響することもありませうがネー。

兎も角も、私たちは他社との競争に負けない為にも、また採鉱屋という誇の為にも、社員は社員なりに、鑿岩夫は鑿岩技術で、支柱夫は支柱技術で、それぞれ過去の記録以上に新記録を出すべく労働強化なんてケチなことは云わずに頑張りますよ。少し僭越な云い分かも知れませんが、各係とも、もう少し真剣になって生産の増加、能率の向上に頑張って貰いたいんです。私たち坑内係員としては、作業員に俺たちばかり頑張るのはこれぐらいにしよう、なんて本当に思わせたら今後の改善や能率の向上なんて出来なくなりますからね。

　現在大黒採鉱二十四の切羽では三十四・五の鑿岩機が実際に稼働して、選鉱場がいかに多量の鉱石を処理しようと、現在の人員で採掘しようと真剣である。

　採鉱係とは別に探査係なるものが大黒採鉱事務所傍らに小さな事務所を備えている。係長は木村採鉱係長の兼務。地質関係は浅野社員が責任者として近藤社員と共にやっている。ボーリング関係は高柳社員が責任者として沖中社員と共に、十名の作業員と共にＸＦ一台、８型二台、Ｒ一五〇一台のボーリング機械を駆使して鉱脈を追っている。

　上期の実績は一米当り七屯ということであったが、今期は更に実績を上げてもらいたいものである。大きな鉱体を掴んで、百年の大計立てうるようにしてもらいたいとは会社全員の切なる希みである。

　俗にいう大黒索道係……、大黒採鉱場と選鉱場上部を結ぶ一キロに近いこの索道は現在は採鉱の管轄下にある。索道のベテラン福島社員が作業員十一名と共に処理鉱量現在四三〇〇屯の輸送に大事である。しかし如何にせん八分の三屯搬器のこの索道では一人一月四十時間の残業が余儀なくされている。

　中津鉄鉱は山口組が採掘に当っていることは一般の知るところだが、此処を担当しているのが田村社員である。

　鉄に磁気のある為、時計が狂って困る。電話の交換にいま何時だいと問い合わせが一番多いのが中津鉄鉱というのも宜なる哉である。

　鉱山の中心、最前線採鉱係！　坑内作業に挺身する諸兄の苦労を多とするものは記者のみではない。どうか元気で、無事故で生産に頑張って下さい。――文責在記者――

# 事務所管見

吉永愛和

もし事務所を事務課と同じ意味に解釈するなら、五つの係を網羅しなければならない。然し、ここで云ふ事務所とは、普通僕等が云うところの事務所、即ち庶務・労務・経理の三群を称して云ふらしい。

僕等は事務所に対する感じは、まことに厳粛である。否、厳粛と云ふよりも多少畏敬している。

もし仮に用件があって事務所に赴く、事務所の入口に達するや、先ず内部を一渡り見廻す。課長はうす暗くてよくわからないが、先ず僕等の視覚に飛び込むのは、庶務課の一群である。二列縦隊の向ひ合せ、Kさんは小柄だから郡中に没してわからない。N氏は一番よくわかる。それはどうも頭部の反射光線によるものらしい。或は僕等の私生活に直につながる福利厚生の鬼神であるかも知れない。

事務所に行く用件の大半は、僕等の私生活に直接結びつくものか、又は公用上の問題である。従って是等の問題は事の大小を問はず大かれ少なかれ心理的影響をもたらすことは謂う迄もない。

これは庶務ではないがたとえば「仮り払い」の一件があるとする。労務係長には本当に御迷惑だが、借りる側も全く真剣なんである。然し借りるんだからまさか大きな顔は出来ない。入口に立ってしばしモヂモヂするのは決してゼスチャーではないんですよ。

古語にも曰く、はじめは処女の如く、あとは何とやら……。そこで僕等は勇気を振って扉を開ける。硝子越しに見る事務所とはまるで違ったアトモスフェアーが視覚に展開する。そこにはもう覆ひかぶされているものは何もない。庶務、労務、経理、と向ひ合わせの背中合せ三列縦隊で其の支点は課長の顔に結ばれてゆく。

又しても僕等は勇気を失ふ。事務所と机は切るに切れない縁で、四十五度の俯角をもって対座する相手の心は一心不乱の書きもの中。

「モシモシ、済みませんが千円ばかり金を貸して下さい」と云ふも聞こえぬらしい。ぢれったいよりも泣けて来る。

元来、借りる程の人は、日頃エネルギーが不足しているから虚勢だけではどうにもならないのだ。かくする内にT係長は気が付いたと見えて顔をおもむろに上げて仰ぎ見る。もうここまで来ると、あとは取って置きの度胸だけが物を云う。此の際余計な事を云ふと失敗する公算が多い。先ず目的は通り相場の生活費、金の量は千円から二千円で相手の心ゾウに影響せざる範囲。もしかしたら……成功の見通し稍ろ危険なる場合のゼスチャー二・三件といふところだろう。然し、僕等は此の場合ちょっぴり事務所の人達に申し訳ないと反省して見るのである。

かくの如く事務所は入りにくい所だけれども、又一面親しみ易い所だ。

A「モシモシ」「モシモシ」ここの交換手はなかなか出て来ない。「Nさんですか……僕Aなんですがね……来月結婚することになりましたから社宅を何とかお願ひしたいんですが」

N「そうね……今あいにく社宅がふさがっていてね……それにあんたは点数が少々足らんよ」A「だって僕は昭和〇〇年に入所したんですよ」語気が少々荒くなる。「B君よりも一年だけ早いのですよ」

N「それはわかるんだけど、B君はお母さん伴れなんだよ。君とは少々条件が違うんだよ」

A君敗けておらない「そんなこと理由になりませんよ。僕だってもう半人分つくっているんですからね」

こんな事が日に二・三件あったら彼の頭が痛くなるのも無理がない。「ほんに今日は厄日だよ。一杯チューでもやらねば明日の体がもてないね」「それにしてもさね……あの社宅の襖と、あの社宅の台所が出来たら二組入れるだにね」

兵隊を持たないNさんの寂しい顔。製作依頼伝票を手でもんだりほぐしたりして考へ込む。ヒューマニストNさんに僕は大いに同情している。

Kさんを見ると直ぐに巡査さんを思ひ出す。彼と巡査氏は切るに切れない間柄。戦后このかた、Kさんのお陰でグレン隊が影をひそめ、盗難が減少したのは特筆にあたいする。平和を愛好する僕等のよい意味でのボスかも知れんね。

この仕事は余程しっかりした心臓が必要で、世のつまらない人情論に耳傾けてたら仕事など出来やしない。Kさんの小柄な体のどこにそんな芯があるのでせうか。

鉱山の台所経理は、僕等の個人的生活とは直接にはつながりがないので、其の点無風地帯と云える。然し、台所の話は別に細君に聞かなくても、終戦后の不如意が身に沁みている。

経理から「モシモシYさんですか、予算の〇〇が随分多いですが少し減らされませんか」「大体上期と比較して〇〇万円の増加ですよ。計画性がなくて困りますな」あとのほうはちょいと余計ですな。

この間、大阪から来た機械家さんが、まことに殊勝なことを云っておった。「メタルを擂り合せる場合ですね、完全に仕上げると却って焼き付きますよ。多少不完全の方がよいですよ」成程そうかも知れん。結局完全に仕上げると油の被濡度が強くなるから危険である。会社の経済も、火の車には違いないが、だからと云ふてあまり締め付けると焦げついてしまふ。隙間といふものは必要ですよ。絵でも写真でも、構図的に完全にまとまったものはあまり芸術的価値はないからね。

又経理は鉱山の鉱石と、切っても切れない縁がある。それもその筈、鉱石は台所の米に等しいから。「モシモシ選鉱係ですか……どうも帳尻が合はなくて困ってるんですがね、大体精鉱の水分が多過ぎますよ」「一度調べて下さい」なかなか語気がおだやかでない。

選鉱「水分には絶対に間違ひはありませんよ。索道が八丁峠に糞たれるのを調べたらどうですか（索道の人、これは話ですからおこらんでください）」所詮は水かけ論である。

どこが悪いといふ、きめてのない戦争。又とめどもなく続く戦争でもある。

所長室と事務所、この空間を対流する空気といふものはどんなものだらう。習ひ性となるやらで案外ヘッチャラらしいよ。先日N君と現場に出動の際出合った。N君は扉の前に位する曰く付きの男性である。

N君「Yさん、昨日は随分荒れたでせう」彼もなかなかさっしがよろしい。

僕「所がね、予想外にやさしかったよ」又曰く「どうも僕にはわからないね。低気圧と高気圧との場所が学説的にうまく合はないよ」だから僕はこう思ふ。叱られると思った時は絶対に叱られない。今日は大丈夫と思った時は大変ですぞ。

事務所は何につけても鉱山の中核でなければならない。従って立派な文化センターなんだ。Aさんは文化の先駆者だった。近頃、重心に変化を来たして横向きになったけれども、どうして中々エネルギッシュである。文化文芸部の輝かしい発展は此のAさんと頭部光線代に負ふところが多い。

然し、僕等は何事にもまれマンネリズムに落ち入ることを恐れる。近代の持つ性格を十分研究してもらって、大いにデモンストレートをやってもらうんだね。年輪を増した人が青い背広に赤いネクタイ、決して悪くありません。

今日珍しい初雪。朝寝坊して遅刻した。僕は大概遅刻する場合は事務所廻りで現場に行くのが例だ。何となれば、遅刻すると夜勤帰りの同僚諸君とパッタリ顔を合はせてバツが悪いからである。今日の事務所廻りは猶更バツが悪かった。事務課長、先陣をうけたまわっての雪掃除。僕は今迄課長が肉体労働をやるなんて考へもしなかった。考へさせられましたね。

随分しゃべりましたので此の位で結論にもうて行きま

せう。

事務所は先にも述べた様に鉱山の中核である。そして又、外核を越えて外界とも通じている。事務所の明暗は、直接現場の明暗を支配する。どうか明るい鉱山をつくり上げるために今后ともより一層努力して下さい。

どうも拙文ではなはだ恐縮でした。事務所管見を此の辺で終わりませう。固有名詞が沢山出ましたが事務所は人の動きを書かねば意味がぼけますから止むを得ません。どうか重々お許し下さい。

## 選鉱訪問

中山　茂

素人の感じ方と云うものは青くさい所もあるが、亦反面に於て案外鋭く物事の本質を感じとる点もあるものです。全然選鉱の仕事がわからない小生が選鉱の訪問記を書く事自体不合理と思はれませうが、専門以外で素直に感じた事を述べるのも何か面白いものじゃないかと敢て引受けてしまいました。

さてそれから何を書こうと考えても、よい考えが浮かびません。何しろ山え来る迄は選鉱と云う言葉丈は聞きかじった事もありますが、どんなもんだかさっぱりわからなかったんですから書き様がない訳です。強いて書けば働く人のあれこれ批評となり気を悪くする方がおありでせう。

選鉱場には何回となく足を運びました。商売がら、御客さんを連れて一人前の顔をして「之が亜鉛の浮選機です」なんて説明をして居りますが内心は心細い限りです。何か質問をされては困るので、つい歩調が早くなり、自分でもゆっくり見たいと思うのですが、それもいかない訳です。でも御客さんを帰して選鉱場のポケット(控室)で、くつろいで色々係員の方々と語り合うのが楽しみです。

話している内に知られない鉱山生活の断片を色々と教えられるし、興味も湧きます。皆愉快な人ばかりでつい時間を過して小さくなって事務所え帰る様な次第です。

数日前に吉永係長と芸術論をやりましたが、事絵に至って係長が色彩のマス（量感）を非常に強調した事が印象的でした。私としては意見もあったのですが、何しろ絵に関しては選鉱以上に造詣が深いと名声さくさくたる係長の言なので無理に納得させられた形だったのですが、選鉱場え来て見て成程と納得しました。

由来人間の思想は生活環境に左右される事が非常に多いのです。御覧なさい選鉱場の畳々として重なり合った建物の量感を。

毎月毎月うす暗い巨大な機械や建物に覆いかぶされて生活しているとX量と云うものに対する感覚も普通以上に敏感になるのでせう。それが延いては物を考える時により大きな共感となってマッスを大きくとり上げる事になるのではありませんか！

それにしても選鉱場の建物は素晴らしいですね。人間が自然の地形を克服しようとして悪戦苦闘した状態がよく理解出来ます。あっちえつぎ足し、こっちを直して出来上がった無秩序のバランスは恐らく二度と出来ない構造物ですよ。然も中で働く人をつかれさせる点に於ても此れ以上のものはないでせう。

絶間ない轟音と、疲れた時なんか殆んど垂直に感ぜられるはしごはしごの連続にはいささか参ってしまいます。加えてやる仕事は、次々と湧き出る泡を見つめて鉱石が如何に浮くかを確かめるわけです。機械は同じ調子で一日働きます。それに合わせて人間の神経を働かせねばなりません。一定のデータがあればそれを基準として浮選の度合いが判定出来ますが、全世界の学者をわずらわしても数字で現はされる公式と云うものがないのです。

結局頼る可きものは永年の経験によってつちかわれた「勘」であってみれば、人知れずに払われる努力は並大抵のものではありますまい。もっと楽な疲れない構造にして上げたいと泌々思います。

でも最初山え来た時に較べれば、見違える程清潔になりました。蛍光灯の冴えた光で夫々に塗り分けたペンキの色もあざやかです。根本的な改造が許されないならば出来る範囲で住み心地よくすることは、作業能率の向上に大きく影響します。

特に私が気附いて研究して頂きたいと思うのは騒音防止があります。御存知の様に音が人体に与える影響と云うものは無視出来ません。私達でも事務所に坐っていて、電話の烈しく鳴る日と少ない日ではつかれ方が違います。沢山電話がかかる日などは、三時頃になって聞く電話のベルは頭の中をかき廻される様な気がします。

　まして選鉱場あたりの音は問題にならない程烈しいものです。何か手選室に居てトロンメルから落ちてくる鉱石を眺めて居りましたが、吾々の神経では三十分位がよい所ですね。キンキンした金属音は全く神経を疲れさせて、ぐったりしてしまいました。此の音などは少しの改造によって防げるのではないでせうか。

　然も働く人が女性ですから、人一倍疲れもひどい事でせう。でもまあ皆さん丸々として福々しい位なので、何を食べているだろうといささか気になりました。


　余り音がうるさくて頭が痛くなると私は脱水室を訪れることにして居ります。此処は亦余りにも先程の話とはかけはなれた静寂境です。脱水機が音もなく一回転しますと水を除かれた精鉱がバサリバサリと落ちます。音と云えばそれ丈で煙草の火の燃えるのがわかる程静かです。

　卒然として此処はミステリーの世界を構成して居ります。此のコントラストははっきりし過ぎて何か妙な気がします。

　先程は建物でアンバランスを感じましたが、雰囲気に於いても同様です。何か正反対のものが一つになって動いている建物と云ったら云い過ぎませうか。

　人的構成の面に於いても此の対照があるかも知れませんね。外見余りまとまっていない様に見えて、実は最も固い人的結合を持つ、その複雑なニュアンスが、職場の雰囲気によって形作られたと感じたのですが。

　相川さんが嘆く如く誇るが如く選鉱場の若い人達について語る言葉にも此の事がほの見えます。その事自体のよし悪しは結局仕事の能率によって実証される可きだと思います。

　私は図書係をやっている関係から選鉱に関する文献にも時に御目にかかります。大学の先生の論文に混って各鉱山現場の技術屋さんの研究も時々見ます。

　其の時矢張身びいきとでも云うのでせう。日窒鉱業の技術屋さんの論文はないかと心を躍らせて探すんですが、残念ながら未だ一度も御目にかかりません。

　亦選鉱研究会の議事録も折々に配達されます。各鉱山の技術屋さんが集まって、夫々実地の意見を開陳し合う訳ですが、此の議事録にもまとまった意見を吐いた人が少ないのです。

　まことに寂しい感じが致します。仲々に優秀な成績を挙げているし又立派な技術屋さんが居るのですから何か立派な意見なり論文なりが出来上がってもよい頃ではないでせうか。


　秩父の選鉱としても解決せねばならない問題が多いの

ではないでせうか。最近に例を取れば砒素の混入問題があるでせう。前々からの思案としては鉱滓沈殿池の問題があります。之等のものに取組んで解決を見出す事は全山の希望となって居ります。

　此の間本社技術部の選鉱研究誌が配布になり、初めて安部さんの論文を拝読した時は本当にうれしくて泌々と読まして頂きました。

　勿論日常の仕事が能率的に運営されれば何も強いて研究論文を出す必要なしとは考えられますが、先程も述べた通り選鉱と云う部門が学問的に未開のジャンルが多いので、現在のみでなく、将来の発展の為に研究部門の充実は必須の事だと思うのです。

　然も研究する等と云う事は結局職場の雰囲気に左右される事が非常に大きいんです。皆で作り出す盛り上げる力が不足しているとしたならば、選鉱の指導者の方々に再考を願い度いと思ふんですが。

　試験室を訪ねても此の事が感じられました。此処には本棚がなかったんです。私の考える様に試験室が研究的意味の少ないものとしたならば或は不自然でないかも知れませんが、少なくとも一つのデータを作る所にそれを判定する資料がない筈はないと思います。

　若い有為の技術屋さんが二の番三の番で苦労して働いていても、結局現在の技術を覚えるのに精一杯で新しい技術の研究迄手が廻らないとしたならば、まことに御気毒だと思います。合宿にいても真面目に勉強する人が多いのを見るにつけ、此の人達がその余力を総て新技術の体得にむけられる充全の設備を作る事が何にもました楽しみを与える事になるのじゃないでせうか。

　此んな事を考えると山に生きる者のきびしさを痛感されます。すぐにおいそれと手に入らないもどかしさは此処に暮したものでなければわからない寂しさです。三十キロの空間を越えて運び出される月三千屯の鉱石には幾多の感慨が秘められている訳です。

　夜遅くなって暗い山路を帰途につく時、選鉱場のみが巨大な生物の様に逞しい響きをあげています。此処で又黙々として湧き出る泡を見つめる人が居るのだと思うと目頭の熱くなる様な感謝の念を抱きます。

　湧き出る泡の一つ一つに鉱山従業員の希望がかけられ、喜び悲しみが浮かんでは消えているのですからきびしい寒さもものかわ、唯選鉱場の皆さんの健闘を念じて止みません。

二七・一二・一五

# 機械係を訪ねて

戸井田八重

蟹平編集長は本当に人が悪い。私には凡そ縁の遠い機械係探訪とはアア……

今度は遠慮しよう、そう思っていたのであるが、あちらから、こちらから編集部の机上へ寄稿せられるので、ちょっと刺激されて了った。私が機械係探訪をやって何が得られるか……

ものはためし、ひとつ行って見ようと思ひたつまま寒い寒い十二月十一日おみこしをあげて出掛けてみた。

雪上りでビシャビシャする中を資材係の方は足場が悪いので遠廻りして索道の方から訪問した。搬器の交差する中をすり抜けて足場を拾ひ拾ひ何と道の悪いことだらう。仕事の能率は、これで保安の方はなどなど、いっぱし記者になったつもりで、そんな事を考えている間に入口についた。

ここが事務所の入口かなと仰いで外見の整ったのに驚いた。考へて見れば何年振りでここに訪れたのだらう。まだ独立した組合事務所のなかった頃組合の文化運動の為、機械係の待合所を借りて会議したことなど思い起した。

毎日本部の事務所へ来られるMさんの姿はないが広い事務所はきれいに整備をして居られた。ストーブはたいてあるのだが何故かうすら寒い感じがする。花なり絵なりあったならばと思う。

来意をつげると心よく引受けて下さる。一番最初が工具倉庫、そこには機械係で使はれる一切の工具が収められている。完全なる仕事は完全なる工具よりといふのでここも大切な仕事の一環なのだそうである。元青山のAさんが一人静かに工具の手入れをされていた。

次が工場。ここには第一に旋盤。旋盤といふ言葉は常に聞いてはいるのだが改めて見るのは初めてといってよい。十二尺、八尺、六尺と三台据えてあり、第一に米式旋盤、これはシャフト丸いものの仕上げをするのだそうで、採鉱で使うロッドをSさんが仕上げをしていた。

機械の運転に従ってあの硬いであらう鋼材がくるくるむかれてゆく。暫く見とれて居たらTさんが次の説明に移られた。

こちらにあるのがシエパーと云って平面な四角いものを削るのだそうだ。名前を聞いただけでは何が何だかわからない私にTさんはいちいち懇切に説明して下さる。

次がボール盤。これは孔あけの機械。実験して見せて下さる。スイッチを入れると見る見る小さな孔があけられる。一寸でもそれるとぶぶんと恐ろしいうなりを生じる。なれない私はハッとする。

次がカッター（ネヂ切盤）次がノコ盤、仕上台、電気溶接等と次々に説明して頂いて、最後に鍛冶場のないのに気がついた。何だかもの足りないと思ったのは其の故だ。あの昔なつかしい歌。この歌は明治生れでなければしらないかも知れない。村の鍛冶屋のフイゴ、トンカチトンカチ……あれがない。機械係と言へば私にはすぐあの歌を思い出す。長い間手入れをしなかったので修理中との事だった。

これで終りと思ったとたんに寒さが身にしみて甘い空想も一片に消飛んで了った。お礼の言葉もそこそこに機械係を後にした。

火の気といったら煙草の火さえない工場で一日冷い機械ととっくんでいなければならない働く人の苦労をしみじみと思いながら、暖かいストーブのある事務所で働いていられることを感謝しつつ職場へ急いだ。

## 索道場かけある記

小河　実

今日も又冬山の木枯らしをのせて、搬器が行く。春夏秋冬の移り変わる山景色を見おろして、山を越え、峯をまたいで、雨の日も風の日も、休みなく通ふ搬器。山の詩人が、ロマンチックな夢をえがき、詩を作るのに搬器がある。

記者は或る日、延々三十キロに亘り、終点を秩父線三峰口に直結させる。始発点本坑索道場を訪問する機会に恵まれた。

初めて此の山に索道と名のつくものが、引かれたのが、今より三十五年も前といふから、大正六年頃はすでに此の索道も、広く世に知られた訳である。

其の間、索道が命取りになって破産した事業家もあり、日窒の手に移ってから、長年の月日と多大の物資を投入して完備し、現在益々隆昌の一途を辿る索道は、全鉱山の人達にとっても誠に心強いかぎりである。

元山索道場は、鉱山の大体中央にある。空搬器やら、鉱石の入っている搬器やらが右往左往、それがガーッと音を発して走って来る時、よくまあ頭でも打ちつける人もないものだと感心する。

「今日は」私が入るなり、近くのY君が後向きに、「何んだい今日は」と聞く。私は訪問の要件を手短に話す。

「元山から三峰口までに、人員は何名位？」

「そうねー」と云ひ乍ら、人員名簿をめくる。

「エーと、元山が三十一人、社員六名給仕一名。中間索道が十名、納宮十七名、三峰十四名、以上だねー」道のり八里に九十名と云ふ計算になる。

私一人で感心していると
「君、こっちへ来んかい」突然なのでビックリする。振り向くと、これが索道の親父、K係長ドノである。他に二名程私を見てる。

「はあ」と云って私はストーヴのあまり燃えていない近くにすすめられて腰を下ろす。

「今日は何や？ 汽車（記者）とか電車とか云ふとるが」正に主客転倒の形でアル。

「はあ汽車（記者）は汽車でも、郵便汽車くらいですが、今日はあまり世間に知られない索道の苦労とか、楽しみとか、希望とか、色々見たり聞いたりしたくてお伺いしました、係長さんから一つお話していただけないでしょうか」

「そりゃ君、索道について云へといふてもやなあ、そりゃあんた、生産についてとかやなあ、索道は此の寒さに向って、東西南北の風が入るから設備の改善について、とかや他の職場より仕事も大変やろうから、給料も上げて呉れるとかや、あんたの方で探訪の要件を箇条書きして持って来んけりゃあかんわ、そでないと、わしからこれこれと云ひだす糸口もないからなあ、今流行しとる、街頭録音にしてもそうやろ、『貴方此の問題どう思ひます』ちゅうふうにや、それに云って悪い事、良い事もあるやろうし……」

係長が次の言葉を頭の中で、まとめぬ中に、これは記者の負けだわい、思ふより早く一目散、帽子を掴んで事務所を飛び出してしまった。

事務所の隣にある原動機室に入る。巨大なるモーターが、ジャーバタ、ジャーバタとうなっている。ジャーと云ふのは、二十二吋もあるベルトにワックスが塗ってある為に、プーリーに付いてはなれる音である。バタの音は、ベルトのつぎ目が一回転毎にプーリーに当る音なり。

此の原動機室の責任者であり、先般、埼玉県労働基準局長賞の栄誉に輝くKさんに「何馬力くらいありますか？」と聞いてみた。

「一〇〇馬力です」

「一日使用電力はどの位ですか？」

「さあ、一寸解らないですねー」

「そうですか、ぢや又」原動機室を出る。

すぐ前の搬器を出す線と来る線との中間にある小さい

箱形の囲いの中から、突然ジリジリと長音を引いてベルが鳴る。入ってみると天井から針金が下がり、下に金物がぶら下がっている。そのそばで一人の男が一心に前の計器盤を見つめている。

「御苦労さんです」私が話しかけても振り向きもしない。成程見ると、大きな時計の針みたいなのが、二十Kグラム、三十Kグラムと動いている。

男はそれを一心に見つめている。突然ベルの音が止んで、その人が初めてこちらを向いた。

「やあどうも」

「これは何を計るんですか？」

「鉱石を搬器に入れたまま計る計器です」

「大体一つの搬器の重さは、どの位あります？」

「まあ重い硫化鉱で、五〇〇K位です」

平均三五〇K位、さっきのヂリヂリと云ふのは、搬器がレールに乗って、計器盤の前に止まると針が廻り出し、同時にベルが鳴る。針が止まるとベルも止まる仕組になっている。そして、重量を記録して、各搬器に付いているブリキの小さな缶に選鉱票を入れて送り出す訳である。

さて今度こそ、先ほどのしっぱいを取り返そうとまゆをしめして、事務室に引返す。

「又来ました」

「一日に定時運転し、搬器を送り出す数は、どの位出ますか？」

「大体三百二十搬器くらいでしょうか」

今度は色々と話して下さった。

それに依ると、日に一四〇トンぐらいの山の鉱石が積み出され、先程の一〇〇馬力のモーターによって、第一の中継所、中間索道場まで、五キロ六〇〇メートルのロープを廻し、百数個の搬器を運ぶと聞いて、其の力の偉大さに今更ながらおどろく。

現在は其のロープを支へる支柱にしても、予算に応じてどしどしと鉄柱に変へられて行き、今、元山より中間までの支柱の中木柱三十三基、鉄柱八基といふ。その高さも、五〇メートルもあるのがある、と。

「何か変わった荷物等はないですか？」

「そうですなあ、まあ変わってる云ふては何ぢゃが、供給所以外の一般の店に来る荷物の多い事でしょう」

一般の店と云へば、鉱山の人達に日頃ヤミ屋？と呼ばれて、一部の人々には重宝がられている、何げんかの店に違いない。その荷がほとんど毎日来るとおっしゃる。

どこかの娘が、一生懸命働いて、ためたお金で東京にミシンを注文して、それが送られて来たとき、索道のロープが切れないかと心配して、索道場に一日中待って居たといふ面白い話しもある。

元山より中津まで、直線コース二キロ七百メートル、七十五馬力のモーターに依って運転されている。本坑供給所への物品輸送、中津川林業係より木材及び浴場用のバタ薪の輸送等、其の中間に於いて山口組で作業してる鉄鉱の積出し等、此の線は生産部門に入るので連日の如く運転している。

最近出来た一キロ索道と呼ばれる元山索道場より第三合宿までの索道の目的・用途について係長は説明する。

「あれは実際は八五〇メートルきりないのやが、まあ誰云ふとなしに一キロ索道と呼ばれる様になったんや」

「用途とか、主なる目的は？」

「モーターは三〇馬力で、福利施設の一かんとして、比較的供給所に遠い社宅の人々の便を計り、配給物資其の他の物品の輸送にある」と。

本年十一月完成、現在不定期便だが、荷物のあり次第どしどし利用されたい。

「ありがとう存じました」事務室を出た。作業場に一歩入ると中々忙しそうだ「アブナイゾ！気を付けろい」後ろを見ると納宮方面よりの上荷の搬器がすぐそばまで来てる。「ヒャー助けて呉れ」

そうかと思ふと前からは選鉱より鉱石を積んだ搬器がハンガーレールの音を響かせて、ガーッと飛んで来る。まるで戦場の様である。古顔の小父さんに聞いてみる。

「こんなに忙しそうに搬器が行ったり来たりして事故等はないですか？」

「とんでもない。これでも山では無事故の職場ですよ。毎日働いていると何とも感じない」と云ふ。

此の索道場から二人の保安要員が、その搬器に乗って毎日出て行く。夏尚寒き五〇メートルもの上荷、一本のロープを命の綱に身をたくしてのり出して行く様は、実際に見ている方ではらはらする。本人達に云はせるとさほどこわいとも思はぬらしいが、たまには命拾いする事もあると云ふ。

此の人達の仕事は、各支柱に飛び付いては車に油を差したり、荷物の見張り、故障の有無等調べたりしている。それでも一里半もある道中ゆえ、元山−中間までの間に落ちた搬器を発見するそうだ。

若し人ののってる搬器でも落ちたら？　と思ふと私等思はず背筋がゾーッとして来る。

何れにしても、此の鉱山のあらゆる生活物資を輸送する索道は、任務の重い、そして鉱山に住む人々にとって一番大切な職場と云へよう。

今しも出て行く搬器に、御苦労様ですと思はず頭を下げて索道に別れを告げた。

# 木で生きる人びと

飯島英一

家庭用風呂桶の半分の容積は十分あると思われる、ダルマストーブが、バタ薪をめりめりと噛み込んで、ガランとした事務所の空気を温めている。

バラック建てというには念がはいっているが、さりとてお世辞にも本建築とはいえない、この林業事務所も、かつては所せまいまでも机が並べられてあったが、今はしめて四脚を数えるだけ。しかもそのうちの一脚は、いかめしく上座に構えられてはあるが、すわる人のない机である。記者には主のないこの机が真っ先に眼についた。

「この机は誰れのですか?」

「ええ、まあ、その……」とか、何とか煮え切らない返事なので。

「不在係長の椅子でしょう」とそのものズバリと突き込んだら

「まあ、そんなところでしょう」と、青葉さんは、はにかんだ。

兼任の係長が（事務課長兼任）月何回来るか分からないのに、ちゃんと席をしつらえて置く。青葉さんの心根があたたかかった。

「こうして机をもうけて置いても、野村さんはすわったことはないねえ。たいてい誰れかの机が空いてるから、そこへすわって仕事して行くんですよ」身体の割に心のやさしい青葉さんは、すまないような顔をして、こうつけ加えた。

未復員の夫に、陰膳すえて待ちわびる妻のしおらしさもかくやありなんと想像して、ガラにもなく記者はホロリとさせられた。未復員の夫ならまだしも、三勝半七のお芝居に出て来るおそののような、やさしい女性もこうしたわびしい膳に仇な思いをかけたのではないかと、いらぬ空想をほしいままにしたが、今日の筆者は製作のネタを拾いに来たのではない。

あくまでも客観的にモノを観て、空想ぬきに書かなければならない探訪記者なのである。改めて残る三つの机を見廻した。北側に内務を預る青葉社員、南側に現場を司る内田社員、その隣りの入口に近いところが連絡員兼給仕の田中君の椅子である。

内田社員が現場に出かけ、田中君が連絡のために外出したら、青葉社員がただ一人残るだけ。その一人が不浄にでも立ったら、事務所はからんぽになる。いかめしく鉄鋲のうち込んである、でかいストーブがお留守を預かる訳だ。

この閑古鳥の鳴く事務所でも、電話だけはいやに騒々しくかかってくる。事務所の頭数と、電話のかかる回数とを比較したら、これほど通話数の多い係は他にあるまいと思う。素人聞きで電話の内容は分からないが、どうも褒められる話しは少ないらしい。

昭和二十三年頃は「林業所」「林業所」ともてはやされて、旭日の勢いであったが、二十四年の火災がケチのつけ初めで、木材界の不況もこれに拍車をかけて、林業所が林業課と下り、更にこの春から林業係と落とされて今日に至っている。それも不在係長兼任というご粗末である。

最盛期は月産二七〇〇石も製材して（製炭その他は別として）本家の元山が不景気で、ぴいぴいしていた時代だから、何がしかの援助もしたであろう頃と思い合せて、感無量なるものがある。

その頃は百三十余人も従業員を抱えていたが、その後幾たびかの人員整理で、遂いに十四人とへらされて今日の孤城を守っているのである。いつの日栄える時が来る。冬来たりなば、春も遠くはあらじと申上げたい。

外へ出た。冬の日ざしとしては珍しく暖い。秩父通いの西武バスが、臭い煙りを力一ぱい後ろへ吹きつけて、今しも発車したところである。午後一時半、お尻をふりふり行くバスを黙って見送った。

幾組もの木材集積所である。この猿市の広い土場は、最も地理的に恵まれているのだから、山なす巨木の何十万石もが積まれてあって然るべきなのに、存外に少ない。

これから奥の山々は、昼なお暗い原生林を、眼の限り生い茂らせて、無限の富を誇っているのだから、そのお流れがもっと溜っていていい筈だ。営林署のトラック、埼北のトラック、その他有名無名のトラックが、朝から晩から運んでも容易に運び尽きるものではない。秩父セメントが、石灰をとるために武甲山を崩しているようなものだ。

むろん、猿市の土場まで出すまでの伐木から運材まで並々ならぬ苦労もあろうし、又買付の資金問題もあろうが、それにしてももっと活発な動きが見たい。

最近は木材界の景気もいいと聞いている所だから尚更のこと。もっとも治山の意味から、法律でらん伐を取締まっているというが、これが奥秩父開発のブレーキとなっているどうかは筆者は知らない。

まばらに置かれている土場の原木を縫うて奥へ進んだ。僅かでトラック道の終点である。これから先は、人力で原木を搬出するために敷かれた、せまいトロの軌道となる。

中津川部落から猿市の土場までは、せまいながらも天が仰がれるが、ここから先きは日の目を見る時はまことに少ない。山また山にたたまれた深い渓谷の連続である。中津川のせせらぎが、このわびしい谷を谷から谷へと曲がっている。三国峠を越して長野へ通ずるのもこの道なのであろう。

トラックに積む三分の一は、有にあると思われるほどの、驚くべき量の原木を、一台のトロに高く積んで、いとも軽ろく一人の力で押して来る。押すというよりは、むしろひっぱって来るという方が適当かも知れない。中津川に沿って崖の中腹に袴のひだのように刻まれた、九十九折れの道を、ブレーキをかけながら下るのだから、押すよりはむしろ命がけの作業である。だが、筋骨たくましい壮年の男が、山と積んだ原木の後ろから一本だけ、腰をかけるに都合のいいように抜き出して、時には腰をかけ、時にはひっぱりして、いとも簡単に坂道を下りてくるさまは、実に朗らかである。みじんの危げも見えない。

そのあざやかな仕草に、素人ながらもちょっと手出ししてみたい、いたずら気も起る。子供など、このいたずらの誘惑に負けて、えらいケガをすることもあるという。

一日どれほどの稼高かは聞かなかったが、労働者としては最上級の賃金であって然るべきだと思うた。かけ出し人夫などではとうてい出来る仕事でない。

谷間の太陽は早目に落ちて、足もとが急に寒むくなって来た。帰り道林業係の製材工場に立ち寄って、作業のありさまを見せてもらった。バンドソーなる製材機も、初めて見たというてもいいほどに、しげしげと見いった。そして……この機械は魔物じゃないか……と思うほど驚きいった。

原生林から伐り出される原木は、こぶだらけというていいか、ひねくれ木というていいか、スマートな姿をしている木など殆どない。片面火傷を受けたような原木もある。甚しいのは半身ひきさかれているものもある。外側は朽ちかけたものもある。いずれも泥だらけで見られた姿ではないが、これがひと度運材車に乗せられて数分間、帯鋸の下を回数にして四回往復すると、忽ちに木肌もみずみずしい角材となって、原木の反対側に揃えられる。

トビでこれらを操作する若人たちの手練もまた実にあざやかで、若鮎のようなきびきびした感じを受けた。僅かに四人の人たちで、見る見る真新しい角材は積まれてゆく。木の香りもかんばしく……。

次に丸鋸の工場を見せてもらった。

ここは小物を製材するところで、バンドソーのような華やかさは見られない。角材をとった残りのうちから、更に板材などとって、いよいよ製品価値のないものをバタ薪に落す作業をしている。言わば一粒の米も無駄にしないように、落穂を拾っている。つつましい農夫の姿である。むろんこの鋸とて、ガス薪も造れようし、必要に応じてそれぞれの製材をなすのであろう。バンドソーにガス薪を造れというても無理な注文で、丸鋸には丸鋸としての立派な性格がある。

丸鋸を真中にして、一人が木材を押し片方の一人がそれを引いて製材している。つまり木材を丸鋸にあてながら流すのである。木をさく鋸の音は景気のいいものだ。晴れ渡ったお天気のようにすがすがしい。一人は鋸の目立で勢いよく火花を散らしていた。ここの職場は合せて三人で奮闘している。

林業所が林業係に縮小されようが、ここで働く人たちは、そんなことには一向におかまいなしで、よりよい製品を、より能率的に生産しようと努力している。知らず知らずに頭が下がった。精一杯の力を出して、働く人たちの姿を見るのは、美しい絵を見るにもました、美しい詩がある。生きた詩がある。生命の躍動がある。生命の尊さがある。

「さようなら」と、記者は丸鋸の人たちの背中に大声でどなったが、鋸の音にかき消されて声は通じない。でも動作で分ってか頭を動かして応答した。

冷えきった身体で事務所に戻った。トタンに四時の終業を知らせるサイレンが、細長い谷をうなり廻った。

## 診療所訪問記

栗屋武雄

この鉱山を「日窒鉱山」とか「日窒秩父鉱山」とか普通呼び馴れているが、公認された名称ではないやうだ。しかし、これから訪問記を綴ろうとする診療所だけは、「日窒秩父鉱山診療所」と云うのが登録されている正式の名称だそうである。

診療所の下に豆腐屋が出来てからは、診療所の坂から橋までの間の道は、豆腐屋のおやじさんが日課として朝に晩に箒を当てているので、鉱山で一番きれいな通りになった。

下の道がきれいになったのに、診療所がいつまでもうすぎたなくては気が引けると考えたかどうかは知らないが、この夏当時の院長横井ドクターの宿望がかなって新感覚の色彩により、外観も内部もすっかりペンキで塗り替え、見違える程快適な明るい診療所となった。

十二月の或る日の午後四時半頃、暮れるに早い冬の日は既に薄暗く、凍てついた石段を上って左に曲ると「労災指定診療所」「結核予防法指定診療機関」「健康保険指定医」等の小さいネームプレートを無秩序に貼り付けた診療所の表玄関である。

すでに十数人の履物が足の踏み場もなく脱ぎ捨ててあ

る。玄関の沓脱場はちと狭ますぎるようだ。下駄箱の上には缶詰の空缶に可憐な季節の花が活けてある。看護婦の優しい心づかいが、こんなところにも見られるのはうれしい。

真新しい上草履が患者のために並べてある。待合所にはストーブが暖かく燃えていて、その周囲のベンチには多数の患者が控えている。受付の窓口から看護婦が愛嬌よく「内科ですか、それとも外科ですか、それとも歯科ですか」と尋ねて呉れる。「いや、何に……、ちょっと……」と曖昧な返事をしたので、怪訝な顔をして引込んだ。

診療を終えて注射の腕をもみながら出てくる者、看護婦に呼ばれて診療所に入る者、診療は各専門医によって着々とはかどって行くが、後ろから後ろから仕事帰りの従業員や家族の人がやって来るので、ストーブの周りの人数はちっとも減らない。

誰もむっつり口をつぐんでいて、しゃべる人は殆どいない。薄暗い電灯の下で雑誌の頁をめくっている人、退屈そうに煙草を吹かしている人、じっと目をつぶって何か考え込んでいる人、不機嫌な子供をあやしている中年の女。ここに来る人はどこか元気がない。みんな疲れ切った様子である。隣の人に「大分お待ちのようですが、どこかお悪いのですか」と尋ねると、「いや、歯ですよ。昨日も七時過ぎまで待ちましたよ」そう云えば先程から内科や外科の患者は次々に順番が廻って来るようだが、歯科ではまだ一人の治療が続行中のようである。

外はもうとっぷり日が暮れて真暗になっている。一日の労働に疲れた従業員が帰りに寄るのであるから、家族の人はなるべく午前の部にして、夕方は早く切り上げられるよう協力すべきである。

聞くところによると歯科の患者は診療開始の二時間も前から押しかけ、午前の診療が終るのは午後三時近くになり、四時前にはもう午後の患者がやって来て、終るのが八時前。患者も大変だが先生がたまらない。

この春現在の河合先生が赴任してからは、その人づき合いの良いのと、優れた技術が人気を呼び、これまで何年間も歯の悪いのを我慢して放っていたのが、我れも我れもと押しかけるので、もう半年以上になるのに次から次へと患者が後をたたず、今では技工士が来て義歯の技工を担当しているが、まだまだ当分この状態が続きそうである。

記者もこの夏義歯を入れて貰ったが大へん具合が良い。義歯、義眼、義足、義手など「義」の字のつく中で一番実用的で「義」の字らしくないのは義歯であろう。自分の歯同様の働きをして呉れるし、技術の上手な歯科医に作って貰えば、馴れるとちっとも異物感がしない。

突然子供のけたたましい泣き声が外科室に起ったの

で、記者は何事かと外科室に入って行くと、四才位の男の子である。先生が注射筒を手にすると急に泣き出したのである。高峰医学博士は泣く子をあやしながら、「よォー、いらっしゃい」と愛想良く迎えて下さる。看護婦のエキちゃんは心得たもので、注射薬の空函を泣く子の両手に持たせてやる。大概の子供はこの空函で釣られるのだが、この子は函を床に投げ捨てて、ますます大きな声で泣き出す。

高峰先生は人なつっこい顔をニコニコさせて、こんな場合のために予め用意のキャラメルを、机の抽出から出して泣く子に与えて、我が子をあやすようにやさしくされるので、さすがのヤンチャ坊も泣き止んで、注射は無事終了。

「実は今日は『掘進』編集部から派遣された記者として診療所探訪に参りました」と告げると先生大げさに、おでこに手をあてて「おやおや、これは困った……おい君、お手やわらかに頼むよ」と云うより早くも記者に口を開かせるどころか、「俺はね、この間大学に行って皆に吹いてやったよ『俺は鉱山師（やまし）になったよ』とね、そしたら皆がキョトンとしているから説明してやったがね、鉱山の医師になったのじゃから、鉱山（やま）医師、即ち山師……おいおいそんな字で書かれちゃ困るよ。高峰が鉱山師（やまし）になったのだから、まあ大鉱山師と云うところかな……アハハ」

笑いながら息をもつかず看護婦に次の患者を呼ばせ、記者に対しては「ああ、すまんが患者は大切なお客さんだから待たせるわけにはゆかぬ、患者を診ながら話しませう」と手際よく診療を進められる。記者は煙草の火をつけようと机の側にあったマッチを取り上げると、「おいおいそれはだめだよ、マッチはこっち……」と別のマッチを出して下さる。どうしたことかと、ちょっと面食ったが、何んだ、検便用のウンチの入ったマッチ箱だったのか。

外科室はすっかり様子が変ってきた。先生は白衣を着ていかにもお医者さまらしい（これは内科も歯科も同様である）これまで入口近くに置いてあった手術台が、突当たりの壁際に寄せられて、狭い外科室もいくらか広く感じられる。ストーブも小型のダルマストーブに取替え、従来のものは患者のために待合室に廻したのである。

前の沖先生が盲腸を始め腹膜等の手術をやったので、秩父まで出なくても鉱山で簡単に手術がして貰えると喜んだが、今度の高峰先生は日本外科医学界の第一人者千葉医大外科秘蔵の臨床医師で、腹部の切開など千人以上を数え、まだ秩父の医者では出来ない胃の切除でも胸部手術でも何でも、自信をもってこの鉱山の診療所でやって貰えるのは実に心強い限りである。

早い話が先生の赴任早々、金森組のMさんが坑内事故で、頭蓋骨が割れ脳味噌が飛び出し素人目にはとても助かるまいと思われたが、二十日ばかりの手当で元通りの健康体にして退院させた腕前にはみんな驚き感謝している。盲腸の手術などは朝飯前で、僅か数日の入院で綺麗に治っている。

先生は中山式の最新式の手術機械を沢山持って来て居られるそうだが、手術室がないので実にお気の毒である。早く手術室を増設して、先生の腕を十分に発揮していただきたいものである。先生は婦人科も出来るそうだが、現在の外科室ではちょっと患者が寄りつくまい。先日もある婦人患者が、ここで診て貰うのはいやだと云ったそうだが、もっともなことである。

次は内科室に黒坂博士をお尋ねする。「あと患者が二名いますから、暫くお待ち下さい」と、ここでも患者第一主義である。

前任の横井先生は、東京出張にも腰に鉈をつるして出かけると云った風変わりで、机の上など気にする先生ではなかったが、今度の先生は机上もキチンと片付け、全てが整然としているので、横井先生時代には鉱山製のストーブでも別に気にならなかったが、今では何と云っても不調和である。

レントゲンだけは依然として内科室の三分の一を占めて、その威容を誇っている。このレントゲンは、秩父のどの病院でも見られない最新式のもので、横井先生の診療所内容充実に対する尽力の程を物語る置土産の一つである。

診療の終えた黒坂先生に「この鉱山に対する御感想を一つお聞かせ下さいませんか」と尋ねると、額の汗を拭きながら「いい処ですね。実はバスで来る途中では何度胆をつぶしたかわかりません、でも驚きましたな、こんな山の中によくこれだけの設備をしたものですね、本当に予想外でした、それに皆さんが実に純朴で、こんな処を桃源郷と云うのでせうね」と鉱山がお気に入ったらしい。

「先生、鉱山のお医者さまとしての御抱負をどうぞ」と第二の質問を向けると、「まだここに来て一ヶ月しか経ちませんので、何も云うことはありません。今暫くの鉱山の様子を見させて下さい」と、余り多くを語ろうとしない。そして、又額の汗を拭きながら「このストーブは見かけは悪いがなかなかよく燃えますね」ときまり悪そうにおっしゃる。

「先生はどんなご趣味がおありですか。碁や麻雀はお好きですか」と尋ねると「芸なしで困りますよ、麻雀は学校時代からやらぬことにしています、急患があれば何時でも往診に出かけねばならぬ医者が、麻雀などやっていては患者に申し訳ないと思いましてね」と、実に頼もしい先生である。

「先生は御肥満でいらしゃるから、山坂越えて大黒や中津の往診は大変でせう、往診に苦労（黒）して坂道を越えて行かれる先生だから、苦労坂（黒坂）先生というわけですね」とダジャレを申し上げると「いやどーも、往診は医者の本分でしてね」と謙遜していらっしゃるが、既に中津へも数回、大黒へは殆ど毎日のように往診に行っているようだ。

先生は実に良心的な方で、どんな軽症の患者でも一々打診、聴診、綿密に診察して下さる。先日も或る人が電話で風邪薬を頼むと、一度診察さして下さいと云った調子である。

この点、横井先生は、長くこの鉱山にいて皆の身体の調子を呑み込んでいたせいか、普通の患者に対しては顔色を見ただけで投薬するものだから、何だか頼りない先生だと一部には批判の声もあったので、先生に往診にいらっしゃる時は聴診器だけはお持ちになった方が皆が有難たがりますよと申上げたら、聴診器で解るような症状は余程悪い場合だ。そんな芝居じみたことが出来るか。

と大へん御機嫌の悪かったことがあった。しかし、横井先生の呼吸器系統の疾病に対する識見は大したもので、先生が鉱山に来てから結核で倒れた者は一人もなく、みんな全快している。そして珪肺患者を早期に発見して、善処して下さった功績は忘れることが出来ない。

今度の黒坂先生も胸部疾患に対しては深い造詣を持っているし、小児科が専門であるから、鉱山のお母さん達は安心して子供を育てることが出来る。先生は着任早々、この鉱山の乳幼児は一般に発育がおくれているからと、人工栄養に対する注意を喚起し、一方寄生虫症の患者が多いからとその対策に乗り出している。黒坂先生は医学博士の外に法学士の肩書を持っているそうだ。

さて、最後に薬局に行き、事務長の福原さんから診療所の概況を聞く。

日々の通院患者は大体内科四十人、外科三十五人、歯科二十五人でざっと百人。従業員とその家族が大部分で約一割が学校・局・組・中津部落の人だそうだ。

一ヶ月の実患者数は六百人前後で、二人半に一人の割で診療所の御厄介になっている勘定である。その薬価は一ヶ月三十五万円から四十万円で、その三分の二は保険でまかなわれるが、三分の一は会社の負担で、保険で使用できない新薬とか、家族の療養補助だそうだ。

薬局には福原さんの外に隠居格の黒沢さんが診療所の

生き字引として座っている。御承知の様に事務長の福原さんは、頭の低い可憐な人で、その人格が看護婦達を感化し、以前のようなつんつんした生意気な態度が全く見られなくなったことは嬉しい限りである。

この夏場までは二匹の犬が診療所を闊歩し、いつも診療室に寝そべりかえって、我が世の春を謳歌していたが、この節ではその姿が見えないので、福原さんに尋ねると「はい、畜生でも主人が居なくなると、肩身が狭く、居づらいと見えて、いつとはなしに寄りつかなくなりました。そして今では哀れな野良犬となって、時々診療所の裏口に主人を探すかのようにやって来ますが、別に吠えるでもなくそのまま又姿を消してしまいます。それでこの間こんな句を作りましたが……」と、短冊を記者に見せて呉れた。

〝野良犬となりて落葉におびえる目　虎尾〟

以上で、診療所訪問記を終るが、高峰先生も黒坂先生も、お二人とも千葉医大で学位を取った関係もあり、互いに助け合って患者のために尽くしているし、二人の助産婦も交替で薬局に詰めるようになり、ひと頃の診療所に見られた冷たい空気は一掃され、明朗な診療所として、鉱山の保健のために活躍している姿を「掘進」誌上を通じて紹介出来たとすれば記者の望外の喜びである。

## 供給所見聞記

福原虎男

兎角、御婦人方は、おしなべて御買物がお好き過ぎはしないでせうか……と無遠慮に聊か批評めいたことを申上げたら、途端に異口同音、猛烈な非難のお叱りを受け、或はKOされて仕舞ふのでは無いか知ら……かすかにこんな危惧の念を抱き乍らも「否」と一概に否定出来ない、何か残滓のようなものがあるような気がしてならない。

実はうちの女房なども、その買物マニアの優たるもので、毎月十日の給料日が近ずくほどに、ソワソワニヤニヤ、落ち着きを失ひ、取らぬ狸の皮算用ではないが、種々のプラウンを立てては秘かに悦に浸り、空想に夢を乗せては、快楽に耽り、独り人生の生き甲斐を満喫して居るらしい。

軽い月給袋が、種々の商品と化して、痩せた私の姿そのままの哀れな姿で、一応は女房の手から渡されるものの、啄木ではないが「そのあまり軽きに泣きて」遂ひ中味を数える興味も失せて、無言の裡に女房に戻して仕舞ふのが通常だが、事ここに至った迄の過程に就いては聊かの疑念も、爪の垢程の質問も許されない。

うっかり健全経済立て直しの愚見でも陳情申上げよう

ものなら一大事。女心と秋の空とか、みるみるうちに柳眉は逆立ち、平和な家庭は、口角泡を飛ばす議場さながらの修羅場と化し、本日買ふて来た品々は、貧しい我が家に如何に必要欠不可ざるものであって、これを求めるために蒙る涙ぐましい迄の苦心が潜められて居るのだが、それが解らないとは情けない亭主どのよと、滔々と説明され、諄々と訓示され、とどの詰りが結局無条件降伏をよぎなくさせられて仕舞ふことを過去三十年の長きに渉り、具（つぶさ）に味されているこの身には、所謂君子危きに近か寄らずとか、ご無理ご尤もと同調はするものの、何かやるせない憂鬱に促はれ安らかならざる夢を結ぶべく寝床に潜り込んで仕舞ふものの心のしこりは解けやらず、煩悩の懊悩は深まり遂に夢を結ばず、時を伝へる暁の頃迄、寝返りを打つ悲劇が毎月のように繰り返され、最近では遂ひに月給取りに月給日がなければどんなに楽しかろうと甚だ穏やかならざる考へをさえ持つに至った。

だが、一体全体買い物とはそんな楽しいものだろうか。商品の持つ魅力、或いは何かもっと深刻なあらゆる女の人達を眩惑させて仕舞ふ、一種の魔味とでも云ふものが供給所の何処かに潜んで居るのではなかろうか。

日頃の疑問や悩みを解くべく、赤岩颪（おろし）が吹き荒ぶにはまだ間のある師走の風も静かな第一土曜の午后、津々たる興味と軽い興奮さえ胸に抱き乍ら、本坑の供給所を訪ねてみた。

以下その時、目に映じた吾々の供給所風景。若し失礼があったら御免なさい。

外観はお世辞にも美しいとは申せない。むしろ古ぼけた倉庫とも感じられる頑固一辺作りのかなり大きな建物が二棟事務所に隣接して建てられてある。

事務所の近代的な建築と対照して何だか御気毒の気がしないでもなかった。狭い前の庭先きでは、大黒の分店へ運ぶ牛方の人が二人、せっせとどでかい牛の図体が隠れて仕舞ふ程の白菜の籠を着けていた。茎の白さと葉の淡い青さが冬の日射しを受けて捨てがたい風情を伴ひ、俳句の一句も出来そうな情景だった。

殊にこの白菜たるや、雪のように真っ白な堅い非の打ち所もない立派な結球ぶりで、戦前外地で見た本場の山東白菜に較べて、少しの劣りさえ感じられない程の見事な物で、終戦前後菜類の入手困難な時代、野草を求めて貴賤殆ど例外なく魂の抜け殻のような衰弱した体で目だけをキョロキョロさせて、山野を彷徨ひ歩いたあの悲惨な生活から僅か数ヶ年の短期間に完全に脱却出来たかと、逞しい日本民族再建の縮図をさえ感知出来たようで迚（とて）も愉快だった。

愉快のあまり、そろそろ商品の魔力にでも取り憑かれて仕舞ったかしら。歩幅も軽ろく、少々重い感じの扉を押して所内に一歩踏み入れてみた。

入口の正面は端然と据え付けられた一台の電気レヂーを囲んで、かなり広さを「ロ（ろ）の字」型に、化粧・文房具・煙草・菓子類の売り場が占めて居り、左側は世帯道具、右側は魚菜部、中央正面に、衣類・洋服生地・履物を色とりどりに美しく陳列されている。

殊に幾本かの蛍光灯が所内を妖しいまでに美しく照り出して、外観とは異なってパアーと明るい感じを持たせて呉れた。

今日は未だ給料日前なのか、比較的閑散らしく、世帯売場に五・六人婦人の方が見えるだけで、売場の人達も入荷品の整備や運搬に多忙らしく二・三人チラホラ見受けられるだけで、ひとり隣の精米所のモーターの振動が店内の床を微かに揺って居り、これに伴って小さな窓の窓硝子が幽かにリズムカルの音律を発揮して、浪も静かな玄界灘を一万噸級の関釜連絡船の金剛丸で渡海したことなどふと思い出させるような静かな一刻ではある。

幸ひ正面の売場には誰れも居られないので気易く額を硝子ケースに触れんばかりして化粧品売場から見せて頂く。

クリーム・化粧水・髪油・ポマード・頬紅に口紅・有名化粧品が殆んど網羅されて居て、そのそれぞれが持つ個性美を遺憾なき迄発揮するように陳列されてあって、塵一つ止めないこの売場では、従業員の人達の日頃の御苦心の程も偲ばれて嬉しかった。

仕入部門でも此処の商品は特に苦心を要するらしく、次から次へと発売される新品も取り揃へなくてはならず、その新品が古いメーカーの物を果たして凌駕して居るかどうか慎重な吟味が必要である。

直接頭に塗り、顔になすりつける物だけあって、需要者の声や普段の研究も並々ならぬわけで、うっかり粗悪品を仕入れれば正直なもので誰一人鼻汁も引っ掛けず莫大な損失となってしまう。変転極まりない要求を充たすには、充分の研究と周到な用意が絶対に必要だそうだ。

幸ひ此の売場では仕入部門と供給部門の連絡が実に見事に行はれ、商品の回転力すこぶる良好で、可成りの上成績を挙げて居られる。鉱山の人達の美化運動の為めに担当者の方々の一段のご奮闘とご協力を祈ってお隣りの魚菜部を拝見させて頂く。

此処は特に吾々の日常生活に関係深い処なのです。男の私にも商品が解るような気がして特に興味深く拝見させて頂いた。此処では先ず第一に、可成り広いスペースを占めた電気冷蔵庫と、もの凄い勢いで水を吐き出して活躍して居る製氷機に度肝を抜かれて仕舞った。

じつは一・二年前の事だったが、この設備が設けられた当時に私などは率先して、何を膨大な金を掛けて迄海抜一千米もの高山でアイスキャンデーを作るに及ぶまいと憎まれ口を叩いた独りだった。

当時は配給万能の時代で、魚でも野菜でも入荷前から早耳饒舌の奥さん達の口から耳へ、耳から口へと伝播され、商品は未だ納宮にあるのに長々と行列を作って配給所の人達を面食はせたものであった。

配給が開始されると時には諍ひの一つも起るといふ賑やかさで、目の色を変えた主婦達が奪い合ひ、競り合ひで文字通り飛ぶように売れた時代だった。ところが時代の変遷は怖ろしいもので、昨今では栄養よりむしろ味覚に訴へる傾向を示し、鯖や鰯よりは鮪の刺身や鯛の塩焼きと謂ふ高級品の要望が漸次高まってきた。肉類などもこの頃では毎日平均二十匁（七十五キログラム）程度の需要に応じて居るとのことである。

御承知の通り、秩父市は山間の行詰まりの都市なので、鮮魚類の販売は中々苦心を要するそうで、旅館や料理店などは特殊の機構で直接東京の築地から仕入る為に、一般業者の取扱い量は他の都市に較べて極めて微々たるものだそうである。

鉱山で生物を供給するためには、前々日から自動車を築地の市場に待機させ、仕入と同時に一瞬の時間を惜むようにして五十余里を驀進して納宮に辿り着き、索道に輸送をリレーし、索道から供給所へ、供給所から各家庭にとその日の中に配給される。

しかし、一寸の連絡事故でも供給が一日遅延するので、終了するまでは本当に命が縮まるような心持ちがして僅かの油断も休息も許されないとのことである。徒や疎かに烏賊一尾でも頂けない尊いものが潜んでいるような気がした。

第一不運にもその日の中に供給できない場合、鮮度を翌日まで保存するには、これ等の機械に依存する外はなく、結局これ等の冷蔵器の持つ使命は実に偉大なもので、吾々の保健上絶対不可欠のものであることは充分感知される訳で、例へ一言にしろ冷たい嘲笑を投げた不明を深く恥じ入り、吉田係長さんの卓絶した烔眼に完全に兜を脱いだ態で、今更ながら、冷水一斗を浴びた心地がした。

丁度今日は漬物の供給で係の人達は殆ど主力をその方に注いでいるらしく、若い店員の人が独りせっせと商品の手入に務めて居られた。この売り場で欲を云へば、陳列に一段の工夫をされてはと感じた。売れ残りの商品なども、大きなバットから小さなバットに移すだけで充分に商品が活気を帯びてくるものである。日本人は兎角料理を視覚にうったえたがるということをお忘れなく。折角御努力の程を念願して止まない。

清潔度は良好で結構でした。尤もここの野菜部では僅かここ数日間で白菜八千貫（三トン）、大根七千貫（二、六トン）の供給を完了するとの事で、従業員一人当たり五・六貫に及ぶ品を取り扱って居るとは、一寸想像出来ない事なので一寸書き添へて置きます。

しかも此の間冬野菜の里芋・牛蒡・人参などそれぞれ二百貫（七五〇キログラム）以上の物を取り扱ふとあっては「箱根山　駕籠で越す人　担ぐ人　そのまた草履を造る人」で、日頃仕事に追れた時などは遂ひ愚痴のひとつもこぼす自分を反省して恥ずかしくさえ感じた。

この隣のバットケースには一級酒・ウヰスキー・焼酎のあらゆる和洋酒類が、比較的高級な蟹や貝柱の缶詰の山を背景に美しく飾られてある。来るべき月給日の晩餐に備へられて居るのは特に頼もしかった。

尤もこれ等の品々が十日の給料日のほんの一刻で各家庭に求められ、夕食の膳を供せられる由、旺盛な鉱山の人達の胃の腑や生活力の逞しさに敬意を表するのに吝かでなかった。

お隣は例の衣料品売場で、女房の恨めしそうな顔がチラッと脳裏をかすめたが、所詮届かぬ高嶺の花。豪勢な洋服生地、欲しくて咽から手の出そうな洋品の数々。何だか一種不可思議な魔力に取り憑かれて仕舞ひそうで、恐れをなして馬車馬のように思はず両手で眼に蓋をしてこの売場を通り過ぎた。

小さな声で「女房よ恕（ゆる）せ、お前の心は充分わかる」と小さな声で念仏ならぬ安月給取りの悲哀を感じ、禍根の言葉を残しながら……。

この売場を通り過ぎると、先程から奥様方が二つのグループになって御買い物をして居られる世帯道具売場。此処では珍らしい型の陶磁器類の数々、鍋釜類の黄金色の魅力的な光りなどが印象的である。かなりの豊富な品が取揃へられてあるが、採光の具合が何だかうす暗いような気がしてならなかった。

ここで一寸意地悪のようだが奥様方のお買物振りや従業員の方々の応対振りに興味を感じ少々遠い所から無遠慮な視察させて頂く。

背中に女の赤チャンを背負った若いお母さん。先程から、赤い模様の小さな御飯茶碗を頻りにためしすかしつ選択をして居られるようだが、目移りしてか、中々困難をしているらしく、店員の方と種々相談をして居られるようだった。きっと背中に負はれたお嬢チャンが近頃御飯を食べ始めたのだろう。戦前なら、僅か五・六銭の茶碗一つを選ぶにも、こんな苦心を払はれるかと、慈愛に満ちた母性愛とでもいふか、何か尊いものをまざまざ見せられたようで迚（とて）も気持ちが良かった。

その隣では鋤焼鍋を取り上げて中年の奥さんが一人、五・六人のお友達に囲まれて蓋の具合など吟味して居られるらしい。明朗なこの奥様方は、今宵の楽しい晩餐をそれぞれ想像してか、ユーモアに富んだ野次の応酬をしているらしく、爆笑が次から次へと湧き上がって、成る程お買物は楽しきものよと感嘆させられた。

応対して居る係の方もこの雰囲気に溶け込んで楽しそうに談笑して居られて、到底一般のデパートでは見受けられない、所謂私達の供給所といふ感じがにじみ出ている。

目に見えない和（なご）やかさといふものが一貫して漂ふて居るようで、幾度か悪辣な商人に苦しい汁を呑まされて買物はすっかり厭になり、一切女房任せの私なども何か一つ買ってみたい欲望さえ起きて来た。

簡単であったが、兎に角お店の中を一廻りさせて頂いたので、その裏側に……先般改築された鰻の寝床のような事務所に係長の吉田さんをお訪ねしてみた。

この鉱山の従業員はおよそ六百人、その家族は一千六百名余りの可成りの大部隊で一ヶ月の供給高は約五百万円。その内訳は衣料三百万と食料品が二百万となっている。勿論賞与時季は、この額を遙かに超過するわけだが、これを担当する従業員は、係長以下男子十一名、女子八名計二〇名の大部隊だ。事務、牛方、大黒、本坑の両分店と分散すると。実際に本坑の供給所で供給部門を担当する人達は極めて少人数である。しかもこれ等の人が索道から供給所迄の運搬迄担当して居られるとは到底不馴れの者では出来ない芸当である。幸ひここの係には熟練された方々が揃っておられ、熱心な従業員の方々の、熱そのもののような仕事に対する愛着や御努力には深甚の敬意を表するものである。

殊に最近では大黒地区は大黒供給所で、本坑地区は本坑分店でといふ計画の実施に全力を傾注して居られ、今春から着手した一キロ余に亘る索道も最近竣工の運びとなった。

うちでも女房一人で大量の白菜漬を易々と漬け終わり、お陰で運搬に頭痛を病んで居た苦労も見事に解消された。例年のように行はれる夫婦喧嘩も興らず、至極平和裡に美味しい漬物となって、この頃では毎日の食膳を賑わしてくれる。出来うるなれば早急に、この地区の供給を全面的に充たしてくれるような供給所が新築される日を居住者一同鶴首して居る。

欲を言へば際限ないが、魚菜なども今後は出来れば秩父市の一流専門店に委託して、刺身などが入った時など、盤台をかついで各家庭を訪問して一皿でも二皿でも需要に応じられるようにしたい、と係長さんの抱負は私達の生活の安定を計って次から次へと尽きない。

先程からお話しを承って居る間に、ひっきりなしの電話が掛かって来るのを、テキパキと応対して居られるのも実に見事で、良い勉強をさせて戴いたが、お忙しい中を何時迄お邪魔するのもあまりに非常識のよう存ぜられお暇乞ひして表へ出た。

山峡の冬の日は暮れ易く、未だ午后の三時なのに。赤岩岳の頂きにぽっちり陽の光が残って居て。山襞の明暗を素晴らしく美しく見せて居た。

終日せっせと大黒の分店へ野菜を運んだ牛が二頭、仲良く牛方に曳れて急ぎもせずに牛舎に帰る。静かな一刻だった。

有意義な今日の午后の僅かな一とき。本当に私達従業員のために、想像以上の御苦心と努力を惜しまない、皆様のご活躍の程を聴いたり、見て戴き、魔力と例へた偏見が恥ずかしく、前言は完全に訂正したい。

来月からは一層仕事に努力して、一銭でも余計に稼ぎ、女房に買い物の喜びを充分に味合わせてやりたい。こんな甘い考へさえ抱いていた。

最後に重ねて供給所の皆様、益々御奮闘されんことを衷心よりお祈りして家路を辿った。

# おヤマの警備

五十嵐耕一郎

警備員詰所、といかめしく書かれた看板に、頬すじを撫でられたような思いで、恐る恐る一坪半の詰所を訪ねた。ところがここの主じは存外に話し好きのおじさんであって、心置きなくいろんな話しをうかがうことが出来た。

今日はひとつ警備のおじさんになったつもりで、この窓からのぞいた風物を、まわらぬ筆ながらも書いてみよう。

六時のサイレンが凍った谷間の空気をゆすぶって、朝の社宅街を叩き起す。「さあ！出勤の用意はいいか！」と。七時にまた鳴らす。寝坊の人たちにはツレない響きであろう。

この頃から弁当片手に朝の出勤が始まるのだ。「オハヨウ」「オッス」の声も高らかに、元気に充ちた足取で通り過ぎて行く。八時の始業サイレンの鳴るまぎわに、昨夜のマージャンがすぎたかそれとも、二日酔いのたたりがあるのか、元気もなく未だ寝惚けまなこをこすりながら、忙しげに通るのもある。

女性達の赤い顔、青白い顔、まっかに色どられた唇にも、一抹のさびしさもあり、またよろこびもあるようだ。慌ただしい朝の出勤も老若男女、共に元気で八時までには終了する。

日が高く目の前の渓谷に掛けられた橋の欄干を照らす頃には、赤い洋服、黄色のセーター、グリンのズボン、茶色のスカート、色とりどりのいでたちで、なかには大きな籠を背負う買出しの一群もある。

スタイルブックから飛び出たかと思はれる程の麗人が、大きな籠に可愛いい二世を乗せた姿など、ここ秩父鉱山ならでは見られぬ風物の一つではなかろうか。

何やらベチャ、クチャ、キヤキヤ気勢をあげてグット反身の奥さまの数多く見受けられる事も、お山の豊かさを物語るものとすれば実に喜ぶべき現象だ。

月の十日が会社のサラリーだ。この日を中心に一週間、行商人もさまざま来山する。職種別にして洋服屋さん、衣料雑貨の背負込みの方、セーター屋さん、せんべいやあめ玉を売る人など登録の数は百を超える位だが、実際に上山する者の数は二十五人か三十人位だ。男も女もいる。

特に目を引くのは、若いモンペ姿の毒消屋だ。新潟のとある風習で貧富を問はず行商をやらねば一人前に認められない、とされているらしい。彼女達が苦しい行商の課程の後に来るものは楽しい筈の嫁入りらしい。

世のせち辛い現世に、うんとこさ儲ける者もあれば、なかには信頼してイージーペイメントの方法で売買したにもかかわらず、物品代金も一年余も据置では全くやり切れないとこぼす者もいる。私も月賦が好きで二ヶ月位は支払いを遠慮がちだ。今後大いに改めたいと考へている。お互い良心的にやっていただきたいそうだ。

面白い商売もあるもので関所やぶりに該当するや否やは知らないが、昔穴の開いた五銭、拾銭の白銅貨、一銭二銭の銅貨、明治時代の五拾銭銀貨、其の他ニュームの貨幣をほぼ倍額の値で買集める者が来たそうだ。一貫五〇〇〇匁位かせいで帰ったとの事だが、何れにせよ政府が廃貨した事でもないのだし、こんな商人に応ずることはいけないと考へる次第。特に奥様達の御用心をお願いしたい。

晩秋の或る夜の事だった。深夜の事、とても面影は判然としないが、ニヤリと笑顔でコンチワをして通ったうら若い女性があった。てぶらで下駄履きときているから、私自身左程気にも留めずに、散歩かなと想って通してみたが、どうも怪しい気配があったので（こんな暗い夜に女が一人歩きするなんて）早速中間にある友人宅に電話して、女が一人通ったけどカンテラも持たずに危険だから後を追いかけて探してくれと依頼した。

昼尚暗い鉱山の道だ。とうてい歩けよう筈がない。進退窮まって闇の小路に佇んで悲しい心で泣いていたのを友人はつれ戻して来た。どんな事情があるか私には解らんが、もしこのとき断崖なる渓谷の底に、若い女性のミゼラブルが生れたとしたら大きな責任を感ずると共に恐怖の心にかられる次第だった。

他にも類似したような例はないでもないが、考へるだに複雑な心境になる。当人自体にはスリルもある事だろうけれど、事前に防止する意味に於ても、人情相談所の看板が一枚必要になりそうだ。

社会福祉の意味に於ても、こうもして、ああもしてと思うのだけど思うばかりで何も出来ない一坪の家に住む私だ。

朝鮮動乱で、鉄鋼金属類の特需景気というここのところ、ヒカリモノが狙われがちだ。当所でも二・三ヒカリモノに関係したいざこざがあったらしい。こんなとき一番先に責任を問はれるのは警備員自体だ。「警備員は何をしているんだ」なんて云う者も、思う者もある事だらう。善良な従業員の住む山の警備強化を必要とするものではなく、あえて警備員自体の弁解を申し立てるものでもない。然し、たった一人の詰所だ。留守の時もありがちだ。

ヒカリモノ其の他、貴重な物資の置場所など、外部から発見されないように注意すること。窓や戸締まりを厳重にするとかは防犯上大切な心がけの一つと考へて、従業員一人一人が、みんな警備員であるという心構えになっていただければ幸いだ

大きな責任を感ずると共に、いつまでもおだやかであるようと念願しながら所員の大きな協力を切望するものだ。

警邏別の警備方式をパトロールと称するという。私も一時間のパトロールを終えて帰った。間もなくヂャンバ姿の男が一人現れた。その男の話しぶりが実に面白い。外はすっかり冷え込んでいる。大きな茶碗に濃いお茶を一杯注いで差し上げた。男はものもいわずゴックリゴックリと飲み干した。

煙草を一本抜き出しておもむろに語り出したのが天狗話だ。昔から釣をやるものには釣天狗が生れ、狩猟者仲間には猟天狗が生れるという。突然アッハハハと爆笑する。焼酎臭い。塾柿のような臭いが私の鼻をつく。鞍馬天狗よりものすごい天狗が現はれたものだ。男の猟天狗は名実ともにたいしたものらしい。クリスマスまでに熊を持参してお目にかけたいと力んでいた。置いてあるものを持参するような気持で話している。

熊の話しの次に出てきた熊料理。これも天狗話の一節かもしれないが、体のしんから温まる鍋物。炉皿料理も数々あるが、天狗流の熊料理は一寸皆さんも御存知あるまい。

調理の概容は熊の助骨料理と云った方がピッタリするようだ。肉の着いている助骨をひっきって、酵化液（醤油・植物油・トーガラシ・ニンニク・ゴマ・砂糖・焼酎・其の他の配合液）に浸して煮るだけの簡単な仕込みだが、酒好みの方には勿論のこと、この右に出るものはあるまいという。熊のみならず牛・馬・羊等用いられるとの事だ。

手まね足まねの二時間余りの笑い話も、時計が十一時をさした頃幕が下りた。熱いお茶を飲み直して、得意顔で鼻の下を人差し指で二度擦った。長い間のうまい話になまつばをためて聞いていた私は、音のしないようにごっくりとのみ下した。

狩猟天狗の物語りは沢山あるが、この次のチャンスに天狗自身が執筆するそうだ。こんな意味から、肝心な解説は遠慮することにする。

世が平穏であれば警備の必要もなければ保安隊も無用だ。もっと飛躍すれば、大量に人殺しをする原爆など、無用の最たるものになる。各人各人が火を出しさえしなければ消防署の必要もない、が、どっこいそうはいかないのが世の中だ。

願わくば鉱山（やま）の夜よ、安かれと！　祈りながら冷え切った星空を仰いで、また歩き出した。

## 朝の食堂

吉村菊治

字源には食堂とは食事をする部屋とある。御無理ごもっともまこと字源とは味も素っ気もない事を書いてあるシロモノである。

上は帝国ホテルの食事をする部屋から、下は裏長屋の食事をする部屋（それがたとへ寝室兼応接間兼玄関兼台所を兼ねていてもです）まで食堂に属するのである。

だがね記者がこれより探訪せんとする第一食堂なるものは、これら広大無辺なる食堂の中より営業用にあらずして自家用にも勿論あらず、公共的なる福祉厚生設備の性格を有する単身従業員専用の食事をする部屋と並びに炊事設備什器とそれを利用する人間とその人間の感情と感情の発露……表現と表現に依って必然的に起こる挿話と……。

もう此の辺で読者も飽きるし、記者も肩が張るのでお互い談合の上で直ちにマイクならぬザラ紙とニセトンボ鉛筆をひっさげて招かれざる客としての招待を潔ぎよくお受け致しましょう。

受付に名刺を渡し、正面玄関を通ると広々としたサロンがあった。てな調子だと豪勢な話になるんだが。口舌名刺と云へる便利な名刺で管理者の渋面（オット失礼偽らざる告白です）に唾を飛ばしながらガタガタ（音響効果を狙った処也）扉を開閉しますとでは入れませんので開けまして身体を一歩中へ搬入したる后閉めますれば完全に内部へ侵入出来る理なり。

プーンと鼻を刺すと書くと食物が腐敗した時の臭気になりますので、フンワリと鼻孔をくすぐり食欲を呼び起こす味噌汁の香気と酸素水素の充満せる室内は明るい色調のペンキを以て塗装カモフラージュされて居りました。

ストーブを囲んでの食卓では丁度朝食の最中。壁にぶら下がりたる板片に己が名前を印したる一枚を選び、配膳係の炊事婦に手渡す順序になって居ります。さすれば炊事婦は板片の名前と差出人の顔を照合するのは規則なので顔を見られても仕方がないですな。

別に嫌悪の情を催す程は熟視するのではありませんから小心恐怖症の人でも此の難関は突破できます。

朝の献立は飯に味噌汁と漬物が所広しとばかり並べられる。先ず飯より検討致しますれば、なにしろ語呂からしていいですな。『めし』ひしひしと身に沁みる、云ふに云はれぬ親愛感があります。林芙美子女史も此の点は記者と同感していたんですから理屈抜きですぞ。

此のめしを構成する分子は米・麦の四分六分カクテル

也。時として小石、藁類を混入する事あれど但しこれ等は食用に供するものにあらずして、めし常食者の観察力養成の好個の材料である。

丼に山盛りされためし。ふかふかと湯気の立ち登るめし。ああ心ある者ならば誰かめしに親近感を感ぜざる者あろうかです。

余談に入って恐れ入りますが、日本華やかなりし頃、即ち占領した島々に日本名を冠して悦に入って居った頃です。満員を定員とした電車、汽車、木炭バスに押し込む余地もないので屋根や窓によぢ登り、随分と交通会社に儲けさせ、しかも車体構造の耐久力試験の材料に利用されながら、めしを求めて彷徨した思ひ出。雑草に主食の高粱、大豆を混入し食べた話。

めしを求めての光栄ある大和民族の悩みは実に悲惨だった。そうして今、眼前に無心にめしをパクツク給食者諸君の姿を拝する時、声高く「ノー・モア・買出し部隊」を叫ばずには居られません。

オットそうそう、朝食のヒロイン味噌汁を忘れて申し訳ありません。味噌汁こそ「エヘン」我が民族の国粋料理の花形なのである。八紘一宇大精神の発する根源こそ味噌汁であるとは、かの頭山満翁も云はれたかどうかは今もってハッキリしていないそうです。

だがどうです御覧なさい。あの丼海を。満々と、たたえられた汁。ちっと耳を澄ますと「太平洋行進曲」でも聞こえてくる様ですなー。そして波間に浮かぶ「葱」や「大根」「菜っ葉」の島々。

箸を持ちて、それら島々を掻き集める様子は神国「国引き」そっくりですとは二・三年前の出来事。現在の丼海は海底はいざ知らず海面だけは島続きにならぬ、実続きなのです。こちらの岸より彼方の岸まで、野菜の島々を利用して簡単に渡れ得る事は慶祝の極みです。

香の物は、沢庵和尚伝授の御存知漬物。

記者が、めし・味噌汁・漬物とのぞき込んで観賞している中に漸く食堂も混雑して来ました。

「オーイ昨日の弁当のお菜はなんでえ、秋刀魚の生焼きか」ハハー秋刀魚の生焼きと称する調理法もあったとは知らなんだ。

「俺のも、生焼けだ。あんな焼き方ぢゃ猫も食べねえぞ」わかりました。生焼きではなく、生焼けでした。要するに炊事婦のをばさんが、調理法の簡素化を計ったらしい。人手不足の折柄すべて合理、簡素化。でも、猫が食べないならまだ良い方で、食べたら食中毒を起す恐れのある様な調理法は一寸頂けませんね。記者も猫に代って炊事婦のをばさんにお願い致します。秋刀魚の火葬は完全にと。

オヤ今度は事務室の電話が騒いでいます。「アーモシモシ、コチラハ第一食堂デスガ、ハー、エッ、ナンデスカ？　アパートノ○田サンガベントウヲワスレタッテ。ハア、ダレカニ職場マデ、トドケテモラウヨウニデスカ、ハイワカリマシタ」ガチャリ。

記者が脇で拝聴すると以上の会話でした。まあ凡人である限り、弁当箱を忘れて出勤する位の職域奉公魂の所有者でもあるのですがね、他力本願て奴はいけません。

それはね、実質賃金をアップさせる為、会社の従業員を私用に駆使する意気は結構ですが、使はれる方の身はたまりませんや。

それでも親切なをばさんは、アパートまで云伝けに走っていきましたよ。考へて御覧なさい。その留守の間に秋刀魚を焼いて居ったら「生焼け」どころか「黒焼き」が出来て仕舞ひます。

「今朝の秋刀魚は凄いぜ黒焼きだ。猿の頭とかいもりの黒焼きは識って居るが、秋刀魚の黒焼きは何の薬だい」でな調子で炊事婦の方々が、又肩身の狭い思いをせねばならぬのです。

私用電話利用記録選手権保持者の方々の御再考を促します。

読者諸兄よ、以上の文字の配列に依って、近眼、老眼、乱視の方を問はず、各その瞼の幕に食堂朝の一場面を描き出せ得たら幸です。何故ならば昼の場面も、夜の一幕も朝と大同小異でありますれば、これ以上書く必要の責務から記者も解放されるからなのです。

更に給食費、給食物質の栄養分析、カロリー含有量、一週間の献立、炊飯施設、倉庫、ストック状況等々は総て、一日七十数円也の食費の枠内と関連性を持つ事象にて格段耳新たらしく目の刺激になる話も無く割愛させて頂きます。

又例え「内緒話」があるにせよ、物議を醸し出す材料を紙上に陳列致するは小心的記者のなし得る業にはあらざれば云々……

ともあれ活動的な管理者を頂点とし、脂粉匂うばかりにて、ロマンスを抱く未婚女性をも含めた炊事婦のをばさん達と、春秋に富む、若き給食者五十名を乗せた「第一食堂と云う名の電車」はあわただしき歳末の街を、そして終点なき軌道の上を走り続けている。

「アッ危い」疾走する電車から一人ころげ落ちた。怪我は？　気丈に立ち上って（間が悪かったのだらう）小走りに人込みの中に紛れ込んで行った。ハハーさては食堂探訪記者であったろう。

〈終〉

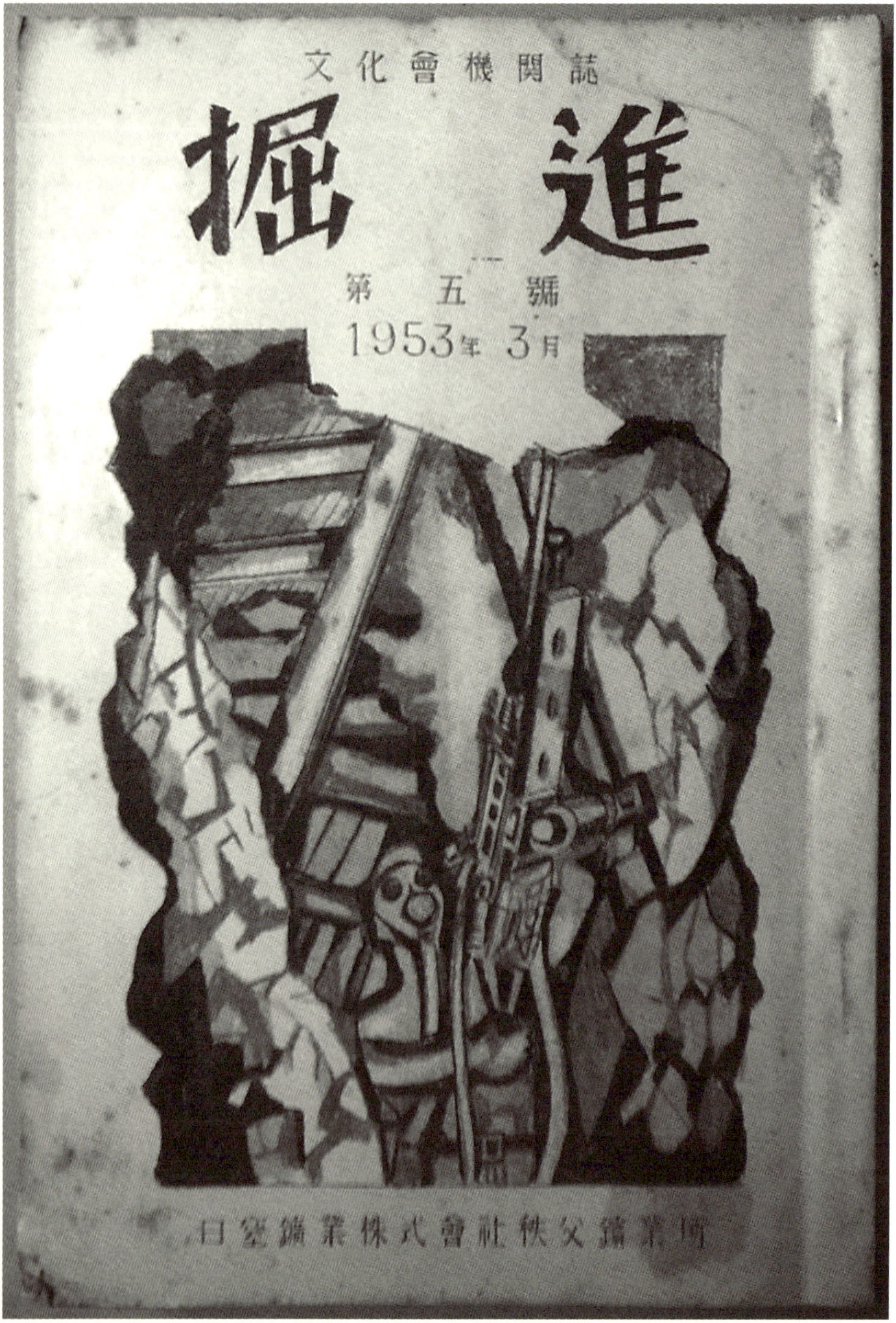
文化會機關誌
掘進
第五號
1953年3月
日窒鑛業株式會社秩父鑛業所

# 秩父鉱山の流行を見る

（昭和二十八年四月発行「掘進」第五号掲載。原文のまま収録しました。）

# 秩父鉱山の流行を見る

昭和二八年三月一二日　飯島英一

## 1

流行というものは、有形無形にかかわらず、文化の流れに棹さして、月に日に移り変わり一時も止まるものでない。飽きっぽい人生に変化と刺激を与えて、適当な楽しみを受けるのもこの流行である。

また一方、変化を求めるのは人間の本能でもある。春夏秋冬の流れも、三寒四温の動きも、やはり一つの変化である。子供が汽車に乗って無性によろこぶのは窓外の風物に瞬時のひまなく変化があるからである。他人の女房がよく見えるのもやはり、目先に変化があるからである。

鉱山の生活は、立地的条件からなべてへんぴな山間にあって、しかも同一企業体のもとに、集団的な生活を余儀なくされているから、この流行にも一種変わった特異性がある。どんな小さな変化にも飛びつき、都会の生活なら日常茶飯事のできごとでもニュース価値がある。

例えばけんかの強い犬でも話の種になり、見慣れぬ客人が道を通っても、どこの家に行く人かといらぬ詮議だてをする。カボチャが川を流れても見物人が集まるというふうに、他愛のないできごとでも異常なニュース価値が生まれる。

目新しい何ものかが一度この鉱山にはいって来たら、伝染病のように恐ろしい勢いで鉱山中を席巻する。見るもの聞くものが、朝に夕に同じであって、変化のない環境に閉じ込められているうっぷんが爆発するからである。

囚人の苦痛は、鉄格子よりむしろ変化のない灰色の壁にあるという。色彩感のない壁色が、年月が経つにつれて苦痛の度を増すという。窓外にのぞき見られる煙突の煙さえ、風のない日など真っ直ぐに立つのが腹立たしくなるという。風も西に吹き、東になびいてこそ楽しめる。鉱山の生活も言わば、島流し的環境であるから、自ずから外部の刺激を求め、変化を期待しているのは切実である。流行を受け入れには正しく一辺倒であり、全くの無批判である。ここに鉱山に於ける流行の特異性がある。だが、流行は時代の波に乗って、寄せては返すものだから孤立というものはあり得ない。このヤマの流行も多かれ少なかれ社会の波にゆられる。

しかし形而下的流行を受け入れるには、これに支払う代償がいる。文化生活を営むには、必ず経済的な制約が伴う。いまこの鉱山の戦後の流行を見るも、このヤマの家庭に於ける経済的な足どりを探すものでもある。

## 2

敗戦後の二十一年、二十二年、二十三年の三ヶ年間は凡そ流行などという華やかな風はこの鉱山にも吹かなかった。よし目新らしい流行がきたにせよ、無言の鉱山生活であったら、とうてい受け入れる余裕はなかった。夕立にでもかかれば一ぺんに色の褪せる、アロハシャツの何枚かが鉱山にも見えたぐらいが関の山で、流行らしい何ものもなかった。殆んどのものが、今日食う飯の一杯にも窮していたころだから、流行を追うことなど夢にも思わなかった。

じゃが薯のまわりに、麦粒をまぶしたようなご飯、真っ黒いへんな匂いのするさつま薯の粉、食べると下痢する大豆粉、さてはおしめのようにぼろぼろするとうきびの粉、ああ銀飯が腹一杯食いたいと、夢にも見たぐらいの食生活だった。

凡そ文化などというしゃれた生活には縁遠く、全く、今日の一日を食えば足りる原始生活であった。給料など三月ぐらい遅れても、これが普通と思えて石地蔵のように黙りこんでいた。まったくどうにもならない耐乏生活だった。

衣類もまたこれに準じていた。男の子も女の子も放出物資とやら名づく国防色一てん張りの色彩で、凡そお色けなどみじんもない哀れさであった。配給の地下足袋を一銭でも高く買う問屋に流して、土曜の今宵をパイ一楽しもうと、闇焼酎を買って口にすれば、プーンと鼻をつくガソリンのにおい。それでもままよとばかり鼻をつまんで胃袋に流して、白河夜船に乗ったものだ。だが、酔いざめてからのガソリンげっぷにはへきえきした。

住宅もまたひどいものだった。畳など十年近く手入れがしてないため、畳表など切れきって、表か裏かの見さかいもつかなかった。畳表が切れ、ついに芯まで切れ出して床を裏返しに敷いてある社宅もあったのだ。屋根も腐って雨はもる。夜中に夜具をひっぱって雨の漏らないところに移転する。広い家なら移転もできようが、六畳一間ではどうにもならず、ついに雨とともに夜明かしした人もあった。翌日会社に出ても仕事にならない。よくもまあ、こんな生活に耐えて来たものだと我れながら感心する。もっともこれはこの鉱山ばかりの姿でもなく、全国的な敗戦国家のみじめさであったから、誰れに文句をつけても初まる話しではなかった。

こうした苦しい敗戦後の三年が過ぎて、二十四年の春ごろからぽつぽつ暖かい風が吹き始めて、待てば海路の日和とやらになった。先ずこの鉱山で流行らしい流行のトップを切ったのがラジオである。この時は第一次流行で、その後も供給所で月賦販売をするようになって、第二次、第三次と流行した。当時ラジオ屋の宣伝に「近い将来に民間放送が始まる、今までのような低周波のラジオでは幾つもできる民間放送の分離はできない」の文句に踊らされたきらいがないでもないが、あっちこっちに五球スーパーのラジオがうなり始めた。二十四年というても秋から冬にかけてであった。

隣りの家のラジオがいい声たてて「のど自慢」などをやっているのに、自分のラジオはザアザア、ピーピーでさっぱりわからない。このくらい腹のたつものはない。K氏などこれですっかりかんしゃく玉を破裂さして、自分のラジオを蹴飛ばしてめちゃくちゃにし、翌日はT氏に頼んでビクターの五球スーパーを買ってもらった例もある。ラジオがものを言わなければ、これほどの流行もあるまい。隣近所におかまいなしに、これ聞けごしに歌いまくられては、ついに無理をしても買いたくなるのが人情であろう。誰れが五球ならおれは六球にする。七球にする。さてはオールエーブにする。と、とてつもないラジオ競争まで初まる。お陰でまたたく間にこの鉱山にスーパーが行き渡った。

新聞も早くてその日の朝刊が、前日の夕刊とともに夕方配達される山奥のことだから、せめてラジオぐらいは全国なみに聞きたいのも無理からぬ。さすがにその点ラジオは便利で東京の人間も鉱山の住民も時を同じゅうして聞ける。ありがたいものだ。

## 3

二十五年になってミシンが流行した。それぞれ趣向をこらして、立派なミシン覆いがかかっているから、ほこりこそつけまいが有効に踏んでいる家庭は少ない。親父が秩父市あたりでいらぬ散財をしたと思えば安いものだが、使わない道具は宝の持ちぐされだ。聞けば縫う術さえ知らないものまでが、この流行に押されて買うたものもある。

流行というものは恐ろしい。当時のお金で一万数千円から二万円近くはしていたろう。思い切って当時あまり引き受けるものがなかった日窒の株券でも買うていたら、今ごろは、二台も三台も買えたと思う。増資に増資と子孫を生んだからそんな勘定になろう。エプロン縫うぐらいならミシンもいるまい。もっとも財産になったのだからミシンがあると裕福に見える。損したわけではないから結構なお話しである。欲をかかないのが無事かもしれない。

このころから流行とは逆に、ぽつぽつ衰微し始めたものがある。消えてなくなるものもないと新らしいもので一杯になる。これは文化的色彩のあるものではない。勤労の精神もうるわしい野菜作りである。第一合宿の上一帯に作られていた、この鉱山の最上畑が（猫の額ほどの畑が段々に見上げる限りに耕されていたが）懸での植林のために借り上げられたことも、野菜を作る者にとっては大影響ではあったと思うが、根本は従業員のふところ具合と、野菜の出荷が順調になったためである。また一面野菜作るよりも公休日に出勤するか、残業した方が利益の多かったのも誘因している。

お陰様で、汚ないお尻りが廻って悲鳴をあげたのに衛生夫がある。ひところは他人の便所まで、夜明け前に汲み取って自分の畑に施肥したものもある。糞尿どろぼう騒動までもちあがったことがあるから、今思うとおかしくなる。今では自分の便所をくむのさえおっくうである。他人がいくら汲んでもどろぼうどころか煙草の三つや四つはあげたくなる。罪も時代によって異なるとは、こんなところにもあてはまるか。

越えて二十六年にはカメラが一大流行した。カメラを持たないものは男でないほどに流行した。八時の始業サイレンで、すべり込んで危うくセーフになるような男もカメラを買うとが然早起きして日の出を撮る。寒い夜景を長時間のタイムをかけて撮る。泣く子を撮る。大根を持ったおかみさんを撮る。電柱に小便をする犬を撮る。八丁峠へ登る。両神山へ登る。あっちをみてもカメラマン、こっちを見てもカメラマンでこの鉱山は賑わった。

だが不思議なカメラマンで、何んでも彼でも撮るには撮るが現像はしない。今のご時世はすべてが分業化しているから、撮影だけであとは秩父の写真屋なり、腕のいい鉱山の知人になり依頼しても結構なのかもしれないが、自分で現像してみないことには、露出の加減が分かるまいと思うがいかに？

人頼みの現像では技術の進歩も遅く、また引伸しの楽しみもあるまい。写真機もほんとうに自分の身につけないと、安物の時計みたいにあきがくる。技術も人の顔が写せる程度では嫌気がさす。そのためか第一次の流行時に買うたものは、相当の数が自分の手元から移動して、他人さまに渡っていると聞く。

ラジオにせよ、ミシンにせよ、またライカにせよ、近世の人間が発明した最も便利な品物である。が、これ等をマスターしないことには、猫に小判である。徒に流行の波をかぶるのも考えものだが、ここにおヤマの流行に特異性があるゆえんである。

## 4

カメラに前後して背広が流行した。女の子も厭らしいモンペイから、スカートにはき替えた。女にはどうしてもお色けというものがなくては、その本性にもどる。モンペイというやつはどうにも色気がない。（但し作業上必要の場合はこれに限るが）

負け戦がひどくなるにつれてモンペイが流行した。流行というより、これはその筋からのお達しで謂ゆる好むと好まざるとにかかわらず式であったから、止むを得まいが、まことに虫のすくしろ物ではない。モンペイをはいた女がばけつを持って水くみリレーをした姿など思い浮かべると、涙さえ浮かぶ。何と愚かな日の本の為政者よ。悲しい大和おみなよと、複雑な感情が盛り上がる。

その嘆きのモンペイも背広が流行するようになって、ようやく脱ぎ捨てられる時がきた。男の子がりゅうとした背広姿で下山する姿を見ては、もはやヤマの娘もモンペイなどはけなくなった。むろんこれも従業員のふところ具合と繊維製品の出回りが順調になった証拠であるが、若い者など大ていい背広を持つ身になった。めでたい限りである。

二十六年の秋ごろから、二十七年にかけて結婚が流行した。流行という言葉はちょっと変だが、たしかに一種の流行的な徴候を呈した。相当に個人意思の強い人でも、山の絶頂で霞でも食うて生きる仙人でない以上、他人の影響を受ける。人は環境に順応する動物だというが、多かれ少なかれ他人の感化は受ける。殊に自分に類似する近いグループの影響は大きい。

Aが結婚した。Bの婚約が整った。Cも近いうちに話しがまとまるという。こんな話しがせまい谷間の噂にのると、年ごろともなっていれば、じっとしていられないのが人情であろう。殊に適齢者の縁故者でもこの鉱山に居れば黙っていない。この年新社宅が八戸できたのも、結婚流行に拍車をかけたと思う。たしかにこの期の結婚シーズンに二十数組は華燭の式をあげている。適齢期にある青年男女はまだこのヤマにも沢山いる。いずれ社宅も新築されれば、第二次結婚流行も起き得る可能性が強い。

結婚はしたくても社宅のない現状だから、相思のものも今ではどうにもならない。社宅さえあれば「晴れてあなたと新ホーム」が結ばれる人たちには、まことにお気の毒である。いずれ会社も心配していることと思うから、愛の巣の設計に余念のないよう励まれたい。社宅のないために折角の愛情をとりにがしたなどという悲劇は起してもらいたくない。不幸にしてこんなさびしいことが起ったら、会社は責任を感じなければなるまい。

人は結婚して社宅の灯は夜毎に増していったが、これと反比例して夜に日に消えてなくなるさびしい住家がある。それは山羊小屋であった。どうして減ってゆくかはわからないが、このころから山羊の飼育者はめっきり減った。盛んな頃はこの鉱山にも百数十疋の山羊がメエーメエーとないていたが、今では二・三十疋を数えるだけ。兎もやはり減った。

メエーメエーといえば筆者が敗戦後引き揚げて田舎に帰ったとき、先ず驚いたのはこの山羊の多いことだった。あらゆる物資が不足して、人情までもうすくなっているのに、この山羊ばかりは軒なみに二・三疋も飼われていて。あっちでもメエー、こっちでもメエーと悲しい声をはりあげていた。その声が「戦争に負けたよ、戦争に負けたよ」と私に訴えるように聞こえて、どうにも不愉快であった。それでなくてさえ、外地にあってさんざんな目にあって来ているのに、今更戦争に負けたよもあるもんかと、余計に腹立たしかった。罪もない山羊の頭を二・三度なぐったことさえある。

青草でもかんでいれば、結構生きられる動物なのに、どうして減ってゆくか原因は分らない。まさかモンペイのように戦争の遺物としてきらったわけでもあるまい。

## 5

山羊の減る前から、これまた影をひそめたものにグレン隊がある。二十二年頃から二十三年にかけてが、彼らの最盛期だったと思う。さしものグレン隊も一定の時期がくるとすたる。ハシカの流行みたいなものだ。もっともこの部隊の隊員は組夫のものが多く、この鉱山の従業員は少ないようだった。

前号の本誌で吉永同人がほめ讃えたK係長の手腕もさることながら、やはり時代の流れが、こうした人たちを必要としなくなったのであろう。今どき、いれずみもろ肌を脱いであんな気狂いじみた真似をしてみなさい。会社は早速「不適格」の烙印を捺して、さっさと下山さしてしまう。短刀をふところに忍ばせて「おひかいなすってー」と、仁義をきっても誰れも相手にしない。半島さんの人たちにも手を焼いたことがある。随分いばられたが、皆んなおとなしく黙っていた。戦争に負けたことが身に沁みていたからである。

グレン隊が引き退ってから鉱山の合宿の青年たちのお行儀がよくなった。天井板をはずしたり、玄関の戸をこわしたり、炬燵やぐらをつぶしたりして燃料にしたのだから、手に負えなかった。鉢の木のように、おいたわしい雪の旅僧をもてなすためならいざ知らず、もの臭太郎のしわざなのだからあきれる。酒の配給などあった翌日など、武勇伝のあとがあちこちに見えた。悪貨は良貨を追い出すというが、いま残っている、そのころの善良な若者はよく覚えていることであろう。

こんな悪童もおった。食堂で朝飯を食うて、さも出勤するかのように弁当を持って出かけるが、途中で廻れ右して合宿に帰り、ふとんをかぶって高いびき。職場からは電話で出勤の有無の問い合わせが来る。「誰さんはとうに出勤しました」と答えても来ないという。妙なこともあるものと、合宿に行けば件の始末。狸寝入りで、うともすうとも言わない。

こんな悪童も二・三ではなかったが、これも敗戦後のうつろから、まだ醒めきらないものさびしさが手伝って、「どうとでもなれ！」のやけくそ度胸が、青年層にこびりついていた時代だから、思えばこれも悲しいいたずらごとであったろう。

グレン隊と時を同じうしてなくなったものに闇酒がある。前にも述べたとおり、ガソリン焼酎もあったが、この外に水入焼酎といういくら飲んでもぽうっとしない闇酒があった。水にアルコールをたらしたものらしいが、おカミの醸造品でないから文句のつけどころがない。厭なら飲まねばいいのだが、酒ずきのものはやっぱし買って飲んだ。

闇酒と一しょごろ闇煙草も姿を消した。一本のむのにマッチが四・五本いる火消し煙草、妻楊枝みたいなものがはいっている材木煙草、さては不老長寿の薬みたいな野草入り煙草など、数限りないさまざまの製品が、多くの私設専売局から売り出されていた。なかには専売局製よりうまい闇煙草もあって、人気のいいものもあったが、いつとはなしに姿を消してあと方もない。

二十六年の暮れに、集会所と名ずける仮設演芸場ができてから、M氏らのきもいりでダンスが流行した。老人たちは、若い男と女が胸をくっつけ合って踊るので、一悶着が起るのではないか案じていたが、何の醜聞もなかったのは、青年層のお行儀のよくなった証拠である。グレン隊の流行時代には、とてもダンスなどできなかったろう。

奥さんたちもそれぞれの御家庭で、ご主人相手に水いらずで、相当に堪能したらしいから、お金のかからない最も罪のない流行の一つであったろう。

## 6

この年から翌二十七年にはいろんなものが流行した。背広を着れば鞄も欲しくなる。鞄はミシンなどのようにがさ張らないし、ラジオのようにでかい音もたてないから、そう目立たないが、たしかに流行性はあった。たとえ中味は古雑誌と弁当にしても、叩けばポンポン音のするクリーム色の牛革の鞄は、背広の服にはよく似合う。兵隊ズボンに軍靴をはくと、何となくお米のはいったリュックが背負ってみたくなる。衣装によって人の心も変るものだ。

身なりが国防色の色彩で満足できるころは、腕時計など欲しがらない。店屋の軒からちょいとのぞいて時計を見れば用は足りたが、革鞄人種ともなると急に腕がさびしくなる。三針時計が多くの人の左手首に、ピカピカ光り出したのも、まことに順調な足どりであった。

この頃からヤマにも新品のタンスがのぼり始めた。これもミシンのようにがさ張って人目につくから、すぐさま噂の種となり、井戸端会議の主要議題となる。「おや、誰さんちのは総桐よ。二万円もするんですって」てなことから「女房がわいわい云うから、ベビーダンスを買ってあずけた」などと本音を吐いた亭主の言葉まで長屋を伝わる。ベビーダンスに負けないような立派な茶ダンスまでも、これらにひかれてヤマのぼりをした。供給所で誰々が買ったかと調べれば、そのたしかな数量も分かろうが、お他人さまの勝手もとまで詮索する必要はあるまい。

　タンスよりなお目立つ、すばらしく流行性の強かったものがこの年の夏にあった。子供の三輪車である。いの一番は誰れが輸入したか知らないが、恐ろしく伝染力があって、またたく間にあまり広くもない鉱山の道路を埋めつくした。

　一歩踏みあやまると、生命にかかわるような谷間に添うてる坂道を、列をつくって飛ばしているのだから。はたから見ると、はらはらする。よくぞ一度の事故もなく過してきたが、危険千万な流行物である。

　こうした谷間を、こよない古里として生い立ってゆくヤマの幼な児たちは、どんな危険な坂道も、平坦な道路に写るのかも知れない。だがけががあっては取り返えしはつかない。来る春からは、外で遊べるいい季節になったならば、どうかテニスコートへでも行って遊んでもらいたい。大人の遊ぶ時間は、勤務が引けてからか、週一回の日曜日だけに限られているから、子供たちに解放される時間がはるかに多い。社宅の街の中心からは、ちょっと離れてはいるが、ここならどんなに飛ばしても絶対に安全だ。太い金網がまわりに張りまわされているからこぼれるような心配はさらさらない。

　三輪車の欲しい幼な児たちの夢は、大人の自家用自動車を望むよりも切実だ。大人にはあきらめがあるが、子供にはそれがない。父のふところも勘定してない。赤岩を仰ぎながら、あのテニスコートで楽しく、はつらつと遊んで欲しい。やがて成人に達してからの楽しい思い出の一つとなって欲しい。美しく健やかに育ててあげたい。

　新らしい日本を背負う、第二の力だ。
けがをさせてはなるまいぞ！

## 7

　文化会の教養部長T氏のお骨折りで、この鉱山の主婦たちを対象に、毛糸の機械あみの講習会が催された。希望者を募っての講習だから、あながち流行的な症状を現したともいえないが、どこか似通ったところがあるから二三の場面をスケッチしてお目にかけたい。

　この講習会で見ごとに一本まいったのはご亭主達で、いず方も同じ悲鳴をあげたのがおもしろい。

「こんど毛糸の機械あみの講習があるんですって。ねえ、行ってもいいでしょう。Aさんの奥さんも、Bさんの奥さんも、Cさんの奥さんも、みんな申込んだのよ。講習会の費用は文化会もちだし、第一機械は供給所で月賦販売をするそうです。三千円から五千円ぐらいはするそうですが、月賦なら大したこともないわねえ。ねえ、行ってもいいでしょう。うんて返事してよ」

亭主にあまえるときの女性は、いともやさしいしぐさをするものである。

「供給所で機械を月賦あつかいにするなら買ってもいいが、その後が大変だと思うから、ちょいと考えさしてくれ」亭主の返事。

「その後が大変て何？」

「分からんのかなあ。毛糸を買わされることだよ」

「まあ、そうなの。あなたのお古のセーターを編みなおしても結構ちょうほうよ。新らしい毛糸を買って編むのはそれから先きよ。機械の月賦がすんでからでもいいのよ。坊やのものも今が編み返す絶好のチャンスよ。お古の編み直しをしているうちに腕も上達するでしょう。能率的に発明された機械を利用するのは文化人の権利だわ」

どうどうとまくりたてられて、ついに機械を買わされたご亭主。

これまでは大した被害は蒙らなかったが、いよいよ講習会となって、ご亭主完全に手をあげてしまった。

やれ、一日の宮仕えを終えて、楽しいわが家に帰る。常にない夕餉の膳が早く整えられて、女房はよそ行き顔でそわそわしている。

「今日から編み物の講習があるから坊やを見ててね」

「つれて行ったらいいじゃないか」

「だめよ。こんなおいたな坊やをつれて行ってどうなるの。あたしの機械にだけさわるのならいいけれど、人さまのおじゃまでもしてみなさい。他人迷惑よ。たのむわ！」

ごもっともなお説を拝聴して、いたずら坊やを引き受けねばならなくなったご亭主。女房は見台みたいな、妙ちくりんの坐台の取り付けられてある編物機械をうやうやしく捧げて講習会会場へ目指す。

一人ご飯をたべたあと、やんちゃん坊やのお守りときては新聞も読めない。むろん友達のところへ遊びにも行けない。機械など買ったのが無念の始まり。母ちゃん、母ちゃんどこへ行くーと、坊やはぐずる。お菓子などでだませるものでない。八時になる。坊やはいよいよ泣きじゃくる。九時を過ぎる。どうにもならない。若しこの母親が死んだとすれば、毎夜のようにこんな憂き目を見なければならない。それを思えば一晩や二晩の我まんはせずばなるまい。ご亭主は悲そうな決心をして女房の帰りを待つ。坊やは親父の膝にもたれて、ついに泣き寝入りとなる。十時が過ぎた。かたこと人の来る気配。

「ただいま」

玄関から女房の声がして、亭主はやっと放免された。これが十日余りも続いたのだから、大ていのご亭主はあごを出したという話し。

毛糸も次から次に買わされた悲話もあるが省く。

（ミシンと違うて、この編物機は各家庭でも相当に活用されているから、T氏の御努力は十分酬われている。ご安堵あれ。）

**8**

いつとはなしに山羊は減ったが、いつとはなしにふえた動物に犬がある。

二十六年度あたりはせいぜい十数頭だったが、二十七年度の秋には五十頭あまりに増加している。保健所の話しでも、畜犬は県下一帯にふえているとのよしだから、このヤマの人たちばかりが犬ずきともいえない。

「子供が貰うて来て、家のものにもなつくから、つい棄てるのもかわいそうで飼うている。」これが雑種犬を大事に育てる人々の弁です。

犬の税金は免除する、などとうまい口上をあげていて、税金と少しも変わらない登録料を年に三〇〇円、春秋の注射が二〇〇円余り、合わせて五〇〇円余りもおカミに納めて、動物愛護の精神を高めている。

どんなきたない犬でも、飼うてみればかわいくなるのが人情である。闇酒や、闇煙草が天下をとっているころは、犬の姿などあまり見かけなかった。衣食足りて礼節を知る。という志那の教えは、こんなところにもあてはまるか。


二十七年の紅葉も落ちて、そろそろ冬ごもりの仕度にかかろうというころ、とてつもないものが流行した。三輪車についで、これも加速度的な流行であった。数は人口に比べてさして驚くべきものでもないが、これが大人のおもちゃだから、ちょっと特異性がある。

おもちゃというては「いや、六〇〇円も税金払って害鳥を退治するのだから、立派な社会事業だ」と、立腹するご仁もあろうが、実は空気銃のことである。旬日を出ずして十数挺が一度にヤマに来たのだから、おたふく風邪ぐらいの流行性はあった。

人里離れている山奥のことだから、空気銃のよき獲物である雀は一羽もいない所だ。名も知らない小鳥が、岩肌に生えているやせた木々を、チチと渡るかれんな姿さえ、滅多に見かけない所だ。

小鳥が一羽でも飛び出せば、敵前にある斥候のように身を木陰にまた岩陰にかくしながら、声を殺して獲物に向かう。小鳥一羽に空気銃三挺ぐらいの割合で進む。標的は小さいし、敵には羽根があるからなかなかとれない。焼き鳥屋で六〇〇円の税金だけ買うても、大したものだろう。だが、パチンコあたりでするから見れば、この方がましだ。麻雀夜更かしから見れば健全娯楽だ。

しかし獲物が少ないせいか、時々街道を照らす電球が、小鳥の身替わりになって落されると聞く。真偽の程は分からないが、もしも本当とするならば、大人の空気銃を無断で借りた中学生あたりのいたずらであろう。弓道場の的が時々空気銃の標的に利用されるのは事実らしい。これは罪がなくていい、が弓道にいそしむ面々には、これ一言あるらしい。


空気銃といえば、昨年はほんものの鉄砲うちが、狩の鑑札が安くなったためか、たくさんになった。例年なら二人かそこいらのものが一挙に十二・三人になったというから、これもレコードものだ。だが、あんまりとれた話しは聞かない。

「H氏など昨日大ぜいして鉄砲うちに行ったが、キジばかりうってきたという」

「そんなにとったのですか?」私は驚いて聞き返えした。

「いや、キジというても、字を書かにゃ分からんが、木という字と地という字を合わせてもやっぱりキジじゃろう。つまり立木の枝と山肌の地をうってきたんやなあ」

これは共同浴場につかっている時、T氏から直接に聞いた話し。種も仕かけもないが、落語を地でいったような話しです。

## 9

二十七年の暮ごろから今春にかけて、主婦たちをよろこばせている、石油コンロが流行し出した。

このコンロを見ていると、熊の出る山奥に住んでいるのを忘れて、表を電車が通っている、都会の住宅にでも住んでいるような錯覚を起こす。スマートな型、感覚のいい色彩、おだやかに燃ゆる炎、軽ろく鼻をつく石油の匂い。じっと見つめていても飽きがこない。たしかに近代人の好みに合ったコンロだ。

両手でがたごと、がたごと、一と苦労しないと開けることのできない玄関の戸や、建てつけの合わない襖がたてられている。このヤマの住宅には、まことに不似合いな勝手道具だが、何んとなく魅力を感ずるのは、この近代感覚だと思う。

都会の文化から遠く見放されている、島流し的環境にあって、せめても都会の匂いを漂わしてくれるものは、この石油コンロである。だが、流行し始めたというてもそうたくさんはこのヤマにも来ていない。

文化生活を営むには、経済的な裏付が必要だとは前にもいうたが、このコンロを見るにつけてもしみじみ思うのは、文化生活と経済生活とのバランスだ。文化は進むに従って、家庭の出費はかさんでゆく。言葉を悪くいえば文化人は金がかかるのである。

ただ食うて生きてゆくだけなら、万物の霊長などといばらなくてもいい。文化的な生活を楽しんで、明るく一生を送るのが人間の願いだ。石油コンロの一個づつぐらいは、鉱山の各家庭に備えつけられる余力が、われわれの生活にも生まれたら、どんなにか楽しいだろう。今を時めくテレビなど、所謂高嶺の花とあらば、せめても実用的な、しかも近代感覚の豊かな石油コンロぐらいは欲しいものだ。

近代株式投資の民衆化とやらが流行して、このヤマにもちょっぴり流行的のきざしはあるが、いまだ大したことはないらしい。日窒の株式を引き受けて、かなりもうけたものもあるらしいが、お他人さまの株式など買い込んで、損をしないのが賢明だと思う。

日々の新聞の相場欄に、角力の勝負みたいな黒白のしるしがつけられて、前日の相場の高低が報じられているが、このスリルを味わうとなかなかやめられなくなるものらしい。人間の本能には、かけごとを好む悪魔がひそんでいるから、近よらないのが無事、ただ、捨てても悔いないようなお金のあるご仁には、一流の銘柄を選んで、じっと持ちこたえていれば、女房の腰巻ぐらいはもうかるかも知れない。

人生の幸福は欲望のセーブにあるともいう。夢は多かれといいたいが、現実は蟻の歩みである。労せずして儲けを考えるのも文化人の欲望だが、甚だ危険のあることをお忘れなきよう。「焚くほどは風のもて来る落葉かな」そんな心も、今の文化人に欲しい。勤労で得るお金の尊さを知ることも必要である。

スポーツ関係では、野球、庭球、柔道、弓道、さては事務所の裏で一夏たたいたバドミントン、娯楽では麻雀、碁、将棋など、数えればきりのないほど流行性をもって、従業員のなかに浸透したが、出費面でみれば、その大部分が文化会の経費でまかなってきているから（女房の財布に直接に関係がない）今回は省くが、戦後流行したものに、ただ一つだけこの鉱山に来なかったものがある。それはパチンコ、これは経営者がなくては始まらないから流行しなかったものと思う。まだこの外に、女の子の野球もなかったし、レスリングも流行しなかった。

かく談じ、かく見てくると自分ながら他人（ひと）さまのあら探しをしたように、思えぬでもないが、（事実株を買って損したり、自分の娘が不必要なミシンを買ったりしているが、この拙文は飯島個人をぬきにしての話しである）

この鉱山の流行を、客観的立場になって観た正直な眼であると信じたい。自分自身もおかしなおたんこナスであるが、ある程度正直に、このヤマの流行を、心理的に描写したかったた、欲望にかられたからである。そのために、ミシンもけなし、カメラも笑い、空気銃もひやかしたが、要するに閉じ込められた鉱山の生活の『退屈への抵抗』であるといいたいのが本音である。誇張した言葉を使用したのもそれがためである。大方の賢者よ、諒としてほしい。

戦後のはやりすたりは、大体こんなものだと思うが、さて、昭和二十八年のこれからは、果たしてどんなものが流行し、またどんなものがこのヤマから消えてなくなるやら？

現在は高嶺の花で、とうてい手のとどくものではないテレビも何年か先きには、この鉱山にも入って来よう。誰れがいの一番に買うかこれは見ものであるが、人間なぞ浮草のように流れるものだから、将来のことは分からない。

テープ・コーダーという、声を録音する便利なものもいずれは家庭にもはいって来よう。

その時を想像して……。

一日の勤めを終えて社用族氏はわが家に帰る。玄関の戸に妻の手になるメモがとめてある。曰く。「テープ・コーダーをお聞き下さいませ」

座敷の片隅に飾られてあるテープ・コーダーに電源を入れて彼れ氏は聞く。

「お帰り遊ばせ。N氏宅でダンスパーティーが催され、わたしどもお招きを受けましたから、K課長の奥さまをお誘いして、一足先に出かけます。あなたも服を召し替えてお出まし下さいませ。ご飯の御用意はN宅で遊ばされているとのよしですから……では、あちらさまでお待ちいたしてをります。」

こんな時代が来ないともいえまい。夢をもつのも楽しい人生の一つだ。わたしたち日本人は、敗け戦に引きずられてこの方、夢をなくしている。美しい夢を持とう。

## 「空気銃」ついろく

この原稿を書き終わって間もないある晩のこと、わたしはこの鉱山の古参社員であるYさん宅を訪れた。玄関をはいったところの左側の板壁に、手入れの行き届いている空気銃がぶら下がっている。わたしは、おや！っと思った。かた人で通っているYさんの宅に空気銃があるは不思議だった。

「Yさん、空気銃を買ったのですか？　実はこんどの「掘進」の原稿に、こまったものの流行の一つに空気銃があると書いたんですがねえ」

炬燵に入るなり、こう聞いてみた。

「ええ、買いましたよ。わたしがこの鉱山に流行さした張本人かも知れんですよ。もっとも人に買いなさいとはすすめなかったが、おそらくわたしが一番先に買うたのかも知れない」

Yさんはいとも静かな口調で平然としている。やがて一升瓶をさげ出して

「まあ一杯」と湯呑茶碗ですすめた。

「実は、この空気銃については物語りがある。まあ聞いて下さい。わたしの生まれは貧乏家で、小学校を出るとすぐに子守奉公に出された。その家は今でも、村の村会議長などをやっている。あんたも役場によく行くから知ってるでしょう。Cさんの家だ」

「ああ、そうですか。知ってます」

わたしは子守奉公と空気銃にどんなつながりがあるかといささかけげんに思った。

「そこの家には英国製の五五ミリの空気銃があった。……欲しかったねえ。……（おれも今は子守奉公の身分だが、今に見ろ！きっとえらくなって空気銃を買ってみせるから）と心に誓ったねえ」

Yさんはしんみりとして湯呑茶碗の酒を口にあてた。

「ああ、そうですか……」

さく岩もやれば支柱もやる。石垣も積めば篭屋もやる。凡そこれとしてできないことのない万能選手であるYさんの、少年時代の決意のほどがうかがはれた。負けん気の強い努力が、Yさんを今日にあらしめたのだと思った。

「英国製は買えなかったが、十六のときの夢が結べたわけですよ」

「いい話しですねえ。うれしくなりましたよ。和製でも結構ですよ。幼い夢が結べたなんて、こんなうれしいことはないですよ。」

なんだかわたしまでも、空気銃が買えたような気になって、思わずぐっと一杯ひっかけた。

（二八・三・一二日　夜）

# 坑内の一日

町田鳥次郎

朝も早よからよ〜　カンテラ掲げてヨ〜
　切羽通ひも　ドンとくにのため

各作業毎に番割が行われる。其の間俺達は、モーニング（作業衣）に着替えるのだが、このモーニングたるや、油と繰粉にまみれ一種の塗料をぬりかためた如く色の判別はおろか、布は三倍位は厚くなって実に屯がある。

はだ着一枚になって此のありがたいやつと着替えが始まる。ヒヤリとするはだざわりだ。「アー又今日もこれをきるのか……」。ちょっと考えると厭になることもある。が元気を出して着替えると何のことはない。自ずから手が上り、足がはずむ。着替えがすむ。入坑準備だ。見張所の時計は八時十五分を指していた。

坑口に祀られてある大山祇大神に、今日の一日も無事であれかしと心で祈り……友だちと元気良くつれだって入坑する。カンテラの灯は次第に明るく感じて来る。

腰の七つ道具が時々カチャンカチャンと音を立てる。プラットにつくと番割を受けた各作業員が並んで居る。定員六名づつ自分の持場の坑道点で降る。二百米位歩いて現場につく。昨日に続く切上り掘進だ。梯子を昇ることと約十米位、技術を込めた支柱員の入れた足場だ。安心して仕事が出来る。

先ずホース、鑿、穿岩機と必要な段取をなす。汗だくで終って一服つけてから、防塵マスクを掛けて口切りが始まる。

切羽は鉱石だ。今日は石（やま）が変わった様だ。思ったより硬い。が、次ぎ次ぎと穿孔は進んだ。機械の調子が悪いとか、エヤーが弱いとか、鑿が折れたとか、運の悪い時は手ちがいが重なって閉口する時があるが、今日はどうやら調子がよさそうだ。

そうとうの時間がたったと思ふ時分、少し小腹がへって来た様だ。「後一本繰って終りだな」よしもう一息だ。首から繰粉が入って肌がざらざらする。やっと終わった。まだ時間は早いだろう。段取を片付けて梯子を降りる。プラットへ来て棹取さんに時間を尋ねたら、一時五〇分だそうだ。今日は思ったより手間取った。やっぱし石が硬かったのだと思った。

人車（じんしゃ：人が乗るエレベーター）運転時間迄は約十分ある。マスクをはずして一服つけて待っていると、間もなく人車になった。大分腹がへって来た。通洞まで昇る時間ももどかしい位だ。火薬庫へ行って一応本数を話して、急いで坑口へ足を向けた。カンテラの灯も小さくなっていた。

シャバの風がさっと吹き込んで来た。坑口から二米位奥まで太陽の光がさんさんと照らしていた。体に深く食い入るあったかさ。俺は立止って大きく深呼吸二ツ三ツした。考へて見るとこんな明るい天気にカンテラ使用の仕事をするのも、何んのいんがかと心の奥で苦笑する。誰かが俺の顔を見て意味有りげに笑っている。休み場のガラスに写ったのを見て自分でもおかしくなる。マスクの下だけ白くそめぬいている。ざっと手と顔だけ洗った。のどがざらざらする。うがいをやって飯をかき込んだが味はわからなかった。カーバイトを入替へて皆としばらくおしゃべりしていると、時間のたつのは早い。

もう発破時間だ。伝票を受けて火薬をもらって切羽に行く。一本一本念入りに込めた。危険と云う事も考へる。さて点火だ。やはり念入りに行う。かんじんなのを一本つけそこねたら丸ッパチだ。今迄の仕事は全部メチャメチャになってしまう。点火終って梯子をかけ降りた。坑道をしばらく出てほっと一息。やっと今日の仕事も終わった。後から鉱石を積んだトロ押が追越した。明日頃には俺の打った鉱石も積み出されるか、発破は良くきいてくれればいいが?

何んだか不安も感じるが、腕に自信があるんだ。そんなことを考えながらプラットの方に向って歩いた。

文化會機関誌

# 掘進

第七號

1954年5月

日窒鉱業株式會社秩父鉱業所

# 特集　他鉱山見聞記

（昭和二十九年五月発行「掘進」第七号掲載。原文のまま収録しました。）

特集・他鉱山見聞記（昭和二十九年五月）

## 三川鉱山をたづねて

選鉱係　土屋喜久男

北国の深い積雪のヴェールの下にこそ独自の鉱風の裏表がある事と思ふ。此れこそ皆んなが知りたい事かも知れない。然し短かい日程の見学にて鉱山生活に直接接触の機会もなく、つかみ得た外面的な数字の羅列と云はば雪におおはれた冬眠状態の単調な鉱山風景から見聞記をかく事は出来にくい。大体書こうにも書く才能がないと云ふ見方が適切であるかも知れない。編集子の再三再四のさいそくの為に十数年の空白に作文を忘れかけた愚鈍の頭脳にむち打ちつつ……

### ○交通に就いて

ここ三川鉱山は、磐越西線白崎駅の北東築水満々と流れる新谷川を遡ること十二キロメートルに位置し、附近は比較的平坦である。年間を通じ十二月より翌年三月迄の約四ヶ月は丈余の積雪の為に全くの冬ごもりになってしまふが、その外はバスが鉱山事務所に一日三往復しており交通至便である。

今年からは十二月から三月迄の四ヶ月もブルトザーにて除雪を行って、鉱石運搬のトラックの交通には支障を来たしていない。

嘗つて四・五年前にかけて五炭鉱三鉱山を見学した事がある。その頃は専ら技術的な見学であって時日も長くて一ヶ月半位で鉱山生活の実態にふれたわけでもなかったのか、交通の不便のことや、交通不便から来る鉱山生活の特殊性の事など格別興味をもって考えた事もない。大体鉱山屋の宿命といふ先入観がかたづけていてくれた。

然し三年の鉱山生活の後こうして他鉱山の大空の展開、緩かな山の姿、且つはブルトザー除雪作業による交通の円滑化等を見るとき、バスにて山また山にたたまれた深い峡谷を遡る三時間、凸凹変化多き山道の一時間の徒歩、その上時々土砂くずれに依る交通のしゃ断、徒歩距離の延長等、そそり立つ急峻な山岳に囲まれたおぼんの様な秩父の空が脳裏に浮かんで来る。

ブルトザーに依り除雪された真黒い土と真白い雪が対照的であり、自然の猛威に対する征服への力強い努力と見受けられた。

ブルトザーを採用した理由を鉱務課長は次の様に語って呉れた。「現在の様に金属建値の変動が多い場合には山許にストウクすることは不利である」と、又「特に若い人達、否山全体の人達が何時でも下におりられると云ふ精神的よゆうが作業効率に及ぼす影響は大である」とつけ加へる事も忘れなかった。ネオンの港町新潟市迄三時間余りにて行けるとあれば全く無理のない事であらう。

それにつけても一日も早く出合道路の完成と一日二往復のバスの運転を願ふのは一人筆者のみではあるまい。

**○鉱山の概要**

鉱山の歴史は約四百年前にさかのぼる。四百年前と云へば大体秩父鉱山と同じ位の年代で、所謂慶長小判の中にも三川鉱山の金が含まれていた事になる。明治、大正年間は主として金銀銅を採取していた。昭和七年日本鉱業の委託経営する所となり、昭和二十一年より日本鉱業の経営に移り、同時に鉛の回収も加へた。そして現在は亜鉛硫化鉄をも回収している。比較的多種鉱物を取扱っているが、秩父鉱山には及ばない。然し品位は秩父鉱山と比較して銅鉛が上廻っているのみで、亜鉛硫化に至っては非常に低い。処理鉱量は一ヶ月四五〇〇トンで、銅一三〇トン、鉛三〇トン、亜鉛硫化・鉄共に一六〇トンの生産量である。

**○鉱風の美化**

秩父鉱山にて雪のふったあとよく見られる現象……道路の両側に淡黄色な汚水の処理あと……我々は事務所から選鉱場又は採鉱現場等歩き廻ったのであるが此の様な現象は一度も見られなかった。少なくとも見学二週間前にかけ雪はふらなかった。都会の道路にこっそりと放尿する人がなきにしもあらずときく現在なかなか出来にくい事だ。

会社のカラー又地方的県人気質が多分にインスピレーションの盲点になったり、一事が万事と推察したり、甚だ主観的な見方で危険ではあるが、現場人との接触に於いて自分達の生活を楽しまうとする努力が感じられた。

立地条件が非常に恵まれない鉱山故交通の便が非常に悪い所が多い。交通と文化とが、密接な関係を有すると一般に云はれているが、鉱山には歴史性からくる因襲、惰性的な生活態度などの中にも特有の臭と味をもった文化がある。素直に云ふと文化には甚だ遠い文化らしいものであるかも知れないが、鉱山特有の雰囲気の中から生れて来る生活の充実、進歩、向上の意欲であると考へたい。

老鉱山夫は語る。「妻は過去の事を固く胸に秘め、忘れ様と努力するのであった。然し他人の事を何にやかやと噂する鉱山の風潮……噂はあちこちにまかれ根拠のない事迄に飛躍して行った」此れが間接的な死因であると。又青年は語る「自分一人正直にしていては損だと思ったのでつい悪い事とは知りながら……」としばしきかされる試験を受ける学生の弁明が如何に多いか。又「餓死しては大変だから……」と自分自身に云ひきかせて闇米を買った人達はむしろ良心的の部に属すると云ふ

なれば同じく「一人正直にしていては損だ」と割切って
その不正行為を正当化したつもりになれた人間が特に性
悪だとも云へないと。

合理的に物を考へると他人の思惑……世間のしきたり
……他人との釣合ひ……等理屈通りに処理されていない
事が我々の周囲には多過ぎると思ふ。誠意と勇気とが因
襲を打破し鉱風を美化するのではないだらうか。惰性的
な生活態度の中から少なくとも老鉱山夫の経験した鉱山
風潮だけは作らぬ様にしようではないか。

（完）

## 足尾の一日

採鉱係　吉井　清

桐生から足尾線に乗換えた頃は黄昏時で、減価償却済と思はれる汽車に乗込んだ。渡良瀬川に沿ふて進む汽車は時速十キロ、気の毒な程の低速度で通洞駅に着いた頃はやっとてんぱいした時の様な気持だった。

足尾には三つの大きな坑口があり各坑毎に駅があるので足尾線を秩父鉄道に例えれば秩父が小滝坑、影森が通洞坑、三峰口が本山坑と云った具合の配置である。我々その真中の駅であり、本部事務所のある通洞で降りたわけである。

足尾銅山は日本屈指の古い銅山で慶長十五年二代将軍秀忠の治世と謂ふから、今から約三四〇余年前から創めた事になる。坑内で「此の坑道は十二年から突貫作業で四年間かかって開鑿されたものだ」と聞いた時、昭和十二年かと思っていたら明治十二年であった。総てこの様に古い時代の坑道が多く総延長は千キロ（二五〇里）以上と云ふから大黒坑道延長の約八〇倍にあたる訳で鉱脈の数は九〇〇本以上と云はれている。

上下坑道の距離即ち高は約七〇〇米ある。従業員二五〇〇人で事務所などさぞかし立派な事だらうと想像していたが全く反対で、うちの供給所を長くしたものと想像

して頂けばよい。

採鉱課長に挨拶をすませ主任の方の案内で坑内に入るわけだが先ず風呂場に案内された。そこには襦袢股下まで準備されてあり猿股一枚で全部着替える様になっていた。

足尾は珪肺の多い所で昼番は運搬で夜番で鑿岩するので坑内は粉塵もなく静かで快適であった。坑内が広いので出合ふ人もなく我々の足音だけが坑内に響いて印象的であった。

布袋鏈（ひ）の鏈押坑道に案内されたら丁度車夫が手積している時であったがマスクを掛けて仕事をしているのを見て足尾の人々は珪肺の恐ろしさを目の辺に見ている為だなと痛感した。鏈巾は三糎（一寸）ぐらいであったが採鉱すると云はれて少々とまどった。鏈巾が狭いだけに硑を出来るだけ入れぬ様に全員努力しているのを見て感心した。

ここでは物品のむだ使を防止する為に足尾券を出している。一万円札、千円札、百円札、五十円札等あって大きさは普通の紙幣と同じ大きさで左側に山神社があり右側にノミの先を型取った四ツ葉のクローバーの様ななかに百円札なら一〇〇と書いてあり、中央下部に採鉱課と書いてあった。

これは物品を倉庫で受ける場合に伝票と一緒に現金と同じように支払い、お釣がある時はもらって来るようになっている。一ヶ月に予算額だけの足尾券をもらい現金出納簿にも記入する様になっている。物品の単価は毎月初め倉庫から単価表が来るのでそれを基準にしているとの事。この方式を採用したのが四ヶ月前だが、現在まで毎月平均二割節約になったそうである。

何だか人間の金銭に対する執着心を逆に利用した様な、云ふなれば美人に捻られた様なクスグッタイ痛みも感じない事はなかったが、面白い着想だと思った。

坑内から出ると先づ風呂に入り、一日の労を癒やすわけだが、この浴場が実に眺めのよい川辺にある。楕円形の二十人は充分に入れるセメント塗の風呂で田舎の温泉に湯治にでも来ている様な錯覚さえ起すぐらいだ。これが採鉱屋の只一の役得でもあろう。湯につかりながら今日の仕事の出来具合、明日の段取等係員同士で語合っているのも明るい雰囲気だった。

足尾の採鉱段取はこの風呂から出てこの風呂でまとめられるとさえ感じながら浴場を出ると、ポマード、櫛等準備されていた。

心身共にさっぱりした気持で一日の仕事を終えた我々は夕餉仕度にいそがしい鉱山町を宿えと急いだ。

# 足尾鉱山を見る

採鉱係　桐越直一

「通洞」「通洞」と駅員の呼声にやっと目的地、足尾鉱山の入口に入ったのを知り、時計を見ると十八時五分、予定時刻である。

汽車は渡良瀬川に沿って昇坂を進む為か隣接県道を通行の三輪車、貨物自動車に追越され、丁度動物園の「おサルの電車」に揺られてやっと駅にすべり込んだ様な感じである。

夕刻より曇り出した空は町を薄暗く包み、行燈の様な街灯が私共を出迎へてくれる中を小雨をついて坂を下り連絡先に到着通知の上、今通ったばかりの坂道を戻り、旅館の門をくぐり畳の人となり、明日からの見学に備へ早く休む。

三月三日、今日はいよいよ坑内見学日である。昨日とは又全く変って雲一つ見えない快晴である。三月早々未だ余寒の厳しい、この頃は快晴であれば又朝夕の外気は冷え出勤の人々、登校の子供等は背を丸くしながら往来する中を私共も商店街を左右に眺めながら事務所に向う。

入坑前採鉱課長より今後の又今日迄の足尾鉱山の進路経路の概略説明を聞いて、坑内主任の案内で入坑することになり脱衣所に向う。

昨日の今日で挨拶しなければならぬので、着なれない背広で出向いたが、脱衣所が入浴場を兼ねていて、玄関には革靴が六・七足ぬいであり、随分外来客が多いなあと思いながら作業衣に着換中、背広姿の紳士が一人つかつかと入って作業衣に着換へて出て行った。

いよいよ保安帽、カンテラと身支度準備完了。案内者の後方に従って通洞坑に入った所、脱衣所で会った紳士もいつの間にか私共の後方に来ていて、秩父鉱山から来た事を知っていて、話し合いながら歩いていると坑口から約百五十米附近に来ていた。

脱衣所で会った紳士はここで初めて外来者ではなく採鉱係員だとわかった。通勤は背広革靴で、六・七足並んでいたのも係員だと知り、私共には想像もしていなかった場面に会う。二分程待っているとダイヤ運転中のトロリー電車が空車二十台程引いて選鉱場方面線より入って来て私共の前に停車した。

早速車上の人となり約一キロ米先にある坑内詰所に入る。良く整頓され蛍光灯にて坑外の様に明るい中で坑内状況説明を聞いて、約二キロ米先迄再び電車に乗り、切羽に向う。

幾分緊張もやわらぎ、車中で少し頭を出し周囲を見廻すと、右側に十吋のエヤー鉄管、頭上には架設電線、百五十米間隔には保安教育が目からも入るやうに行燈に標語が浮出されている。

地上の人となり切羽に向う。人間の昇降が許可されているのかと思われるやうなお粗末なケーヂで、下三番坑にて降りる。現在竪坑が三十数本あり、中には明治時代に開鑿したものもあると聞いて驚く。

プラットには作業者の影も少く、棹取も左程忙しい様子でもなくのんびりしている。秩父では、一方百三十台も鉱車を捲揚げるが、ここでは多い時で六十台位捲揚げる程度と聞き、のんびりしているなあと思う。

鏈押坑道に向う。主要運搬坑道では良く整頓掃除が行きとどいているが切羽坑道はあまり感心されない。漏斗口の下をくぐり鏈押の引立に着く。車夫が積込作業をやっている。珪肺対策が最近盛んに叫ばれているが、みんな防塵マスクを着用して作業している。引立に目を移すと、平均して四糎程度の鏈（鉱脈）が天井より踏前に一本ある。之だけの巾と品位であると平均一八％あり、直接製錬所へ輸送すると聞き、製錬所を持っているのは実に力強いものである。

鏈押を後に中段坑道に昇り、河鹿鉱床を見る。

河鹿とは昔の人が附けたもので（清水の急流に住む河鹿は石の下にかくれている事が多い）つまり岩盤をハグと下に鉱体があるのだと、中々変った面白い説明を聞いて人道を降り、丁度昼休でプラット、休場で食後の雑談に花を咲かせている中を通り坑内詰所へ戻る。

詰所には係員が殆ど揃い、二の方サク岩夫の番割中である詰所より切羽迄相当距離もあるので火薬を背にして切羽に向かっている。

私共も食後質疑応答をやる中に、坑内係員には係員補助者（職長）があって直接作業の指導をやっている。物品のムラ・ムダを無くしようと所内足尾券を発行して物品の払出しを行い物品に対する観念を高めている。

珪肺対策として坑内切羽作業者は、常時マスクを使用させ、サク岩作業は全員二の方作業とし十二時より二十時まで作業をしている。

十四時過ぎ昇坑し脱衣所にて入浴する。浴場は渡良瀬川を眺めながら丁度温泉に入ったやうな気分で一日の疲れを休められるのは羨ましい。着替へて快晴の中を宿に向う。

三月四日、課長室に入った頃より小雨が降り出し、十時過ぎより霙（みぞれ）となり、予定の午后の坑外見学もやっと選鉱場の一部を見せて貰う程度で一日を終る。

あと一日予定があると製錬所や製作所を見学したいと残念に思ひながら四日昼過ぎ昨夜振った雪を踏み、一路帰路につく。

# 足尾選鉱場見学記

選鉱係　倉林義平

「掘進」編集部より他鉱山見学記を書けと注文され先づ困却してしまった。この様なことがあるとしたらもっとラヴレターでも練習しておくのだったと残念に思う。

私達の年齢層に於ては楽しい筈である青春時代をあら無粋な且つ敗戦と云ふ悲惨な時代にしかも二等兵と云ふ名の新兵には青春なんかあらばこそ、毎日毎日上等兵にびんたを頂戴、帝国軍人魂を文字通り叩き込まれた。

従って異性は高嶺の花と只だ眺める丈で、ラヴレターの何たるかを知らずすでに中年男にならうとしている。此の様な次第で文章の綴方も知らぬ私に見学記を読物風に書けとあっては全く閉口此の上もなく、只頭をかかえ、困った困ったと連発する丈である。編集部からは再三の督促なので思い切って「清水の舞台から飛降る」気持で以下書き綴って行く。

私達は三月一日から六日迄の日程で足尾鉱山に出張を命ぜられ、一日に出発した。同行者は採鉱係からYさんKさん、選鉱係からIさんと私、合計四人の一行である。

熊谷駅のプラットホームを列車ははなれる。しばらく行くと前方右側に上毛の山々、頂きに雪化粧をこらした麗しい赤城山が見え始める。列車は高崎を過ぎやがて桐生に到着した。ここから足尾線に乗換へ鉱山に行くのである。

駅のホームに降り立ち時間表を見ると発車迄未だ大分時間がある。桐生迄来て一安心した為か急に空腹を感じ四人連立って、駅前のそば屋に行き先づ空腹を満たす。店の中には大きな電蓄があり、折からツウヤングを静かに奏でて居る。先づ久しぶりに都会の気分の何万分の一かを味はう。店の女の子に鉱山迄の道程を尋ねると「さあ四十五〜六キロあるかしら」との返事。乗車時間二時間半位とのこと。一行全く口が閉がらない。

やがて時間が来たやうで駅に行く。改札はすでに始まって足尾線の列車に乗込む。十八世紀？　を思はす客車三輛、貨車数輛、客貨混合の列車である。

列車は静かに出発する。何時迄たっても静かに走る。見ると何度位か相当の傾斜の様である。車内は和気あいあい、ローカル線特有の和やかさである。列車がトンネルに入る、とたん車内はもうもうたる煙である。夏でなくて良かったと思う。

既に時間は六時近い。車外は大分暗くなって居る。鉱山に近くなったか、列車は断崖の上を或は下を走る。地図を見て既に栃木県に入った事を知る。

次はやがて一行の目的地通洞駅である。列車が駅に差しかかる二・三分前、左側に斜面を利用した大きな建物

に電灯がまばゆい光をはなって居る。その構造から選鉱場と判る。何だか敵陣に乗込んだ様な悲壮（?）な緊張が身中を走る
列車は例の如く静かに走り静かに停車する。足尾鉱山は通洞駅、足尾駅それから終点の間藤駅と三駅間にまたがる大銅山であるが、採鉱、選鉱、事務補助部門も皆現在は通洞に在り、足尾、間藤には製錬所、製作所がある由である。通洞駅に降り立つと大変な人である。鉱山町らしい街である。

折から小雨の降る中を事務所を尋ねる。既に暗くなって居る。漸く事務所に着くが退社時間後の事とて人は居らず、一行駅前の旅館に宿をとる。宿の女中さんに尋ねると会社は七時出勤の由、翌朝の事を考へ疲れた体を夜具に横たへる。

翌朝八時三十分宿を出て庶務課受付に行く。是々然々と用件を述べるとやがて背広革靴の青年社員が現はれ一行は応接室に案内された。採鉱・選鉱と我々は二等分され選鉱事務所に案内される。矢張り背広革靴を召された温厚な紳士が席を立ち名刺を交わして、此の方が課長さんと判る。

御親切な説明を聞いて、先づ工場のスケールの大きさに驚く。足尾鉱山は前には銅鉱のみを生産して居たが、朝鮮事変勃発と同時に亜鉛が非常な高値をよんだので二十六年突貫工事で第二選鉱場とも云ふべき亜鉛選鉱場を建設したのである。

現在、銅選鉱場に於ては月処理二万五千トン、銅精鉱千四百トン、亜鉛選鉱場に於て月処理五千トン、亜鉛精鉱百五十トン、硫化鉄（磁硫鉄鉱）千二百トンの生産である。実に処理鉱量から云って我々の工場の六倍の処理を行って居るわけである。


説明を聞き、技術部のMさんと云う年の頃二十八・九歳の美青年の案内で工場内を見せて戴く。秩父は急傾斜であるので流れ作業としては割合得でもあるし楽でもあるが、足尾は秩父と比較して平坦地にあるので鉱粒、鉱液の系統が複雑である。従って場内にはベルトの交錯あり、バケットエレベーダあり、只雑然。機械の騒音と共に身の危険を感じるばかりである。

午后は沈殿池に案内して戴く事になって沈殿池に行く。栃木から群馬に流れる渡良瀬川に沿っておよそ一キロ半、広い沈殿池に差かかる。折からダム工事に働く人達が我々一行をお役人と見違へたらしく（そんなに威張らない筈だが）モリモリ働き出したので思はづ苦笑する。

帰りはバスに乗って帰る。鉱山に居るのか一寸判断に苦しむ。車内借着の作業服とてそでは短くズボンも短い囚人服の如しダイダイ色地下足袋のいでたちの事とて一寸恥かしい様な気が起りかかる。無理におさへている内

工場前に停車、一先づほっとする。勤務時間三時迄との事、明日を約し初日は失礼する。

帰りは街を一廻りする。医者あり、本屋あり、カメラ屋あり、又パチンコ屋あり、小学校も二階建の六棟を算へるに至って相当の人口を想像する。渡良瀬川を左右に延々と社宅のつきる所を知らない。本屋に立寄り二・三冊の雑誌を購める。社会知識の尺度とも云ふべき書籍が、こうして手軽にしかも好きな本が直接手に入る事は非常にうらやましい事だと痛感する。

翌日、勝手の判った工場内を、Iさんとフロシート片手にデータ集めに懸命である。浮選機の下に潜みシートの如何、ボールミル、分級機の系統如何、あちらこちらに走り廻り全くつかれる。空腹を感じ昼近い事を知る。

精鉱は国鉄足尾線に依り直ちに自家製錬所に送鉱されるのであるが、品質の管理等吾が秩父より大分楽である。製錬所のない事を悲しく感ず。

選鉱の総体的技術としてはスケールの差違等もあり、亦各鉱山それぞれ特色のある操業を実施して居るので、何れが優れ何れが劣るか其の比較は困難で亦好む所でもない。

只選鉱屋として参考になる点或は秩父に取り入れるべき点、今後研究を必要とする点等々を感ず。

窓外は大変な雪降りである。やがて退社時間も間近い。筆舌につきない御高配を戴き厚く礼を述べ、番傘を拝借して宿に帰る。同時に採鉱の人達と宿に着く。昨日今日と見た事、聞いた事、データの整理も終りほっとする。

雪は益々降り積って居る様だ。前の道を走るバス、遠くひびく汽笛、旅館は亦新しい客を迎えてか、ひとしほ賑やかになる。

翌朝一行は思はずオーバーの襟を立てて、厳寒の駅に列車を待った。間もなく車中の人となり足尾の町を見渡すと、選鉱の灯はかがやき、建設的なモーターのうなりは一層高く聞へる様だ。思ひなしか列車のスピードも増してきた様だ。吾々はひたすら秩父へ秩父へ急いだ。

## 河山鉱山見たり聞いたり

採鉱係　谷川龍二

三月三十一日早朝、氷結した山道に気を配りながら下山、見学の途につく。回りの山肌には所々白雪が残っている。

ヤセ尾根越しで大滑まで歩き、ここで迎えのトヨペットに乗り込む。トヨペットは折柄の強風をきって容赦なく砂煙りをたてて走る。顔に当る突風には砂埃は混っているが、何となく春先えの温さを含んでいる。

桜の名所長瀞の駅は、造花の桜がきらびやかに飾られ、花見客の訪れを待ちわびている。奥秩父の山中に住む吾々は季節の移り変りを差程までは気付かずにいたが、春は早や、とっくに訪れていたのだ。

二十二日夜九時三十分東京発「筑紫」にて発つ。東京駅は春夏秋冬を通じて人込みの絶えない処であるが、折柄の旅行シーズンで、修学旅行の生徒等も加はって、一入(ひとしお)騒然としている。吾々も此の人込みに混り、人波に押されながら乗車した。座席はとても難かしかろうと案じていたが、幸にも三人一緒に掛けることが出来た。

定刻九時三十分、汽車は見送りの賑わいを後にホームを滑り出した。一時車中は、荷物、座席の整理、雑談等で騒然としていた。通路には運悪く座席を得られなかった人々が、トランクに腰掛け、或いは新聞紙を開いて座り込んでいる。しかし夜が更けるにつれて賑わいは何時しか静まり、様々の寝姿が見られる。

吾々も一時余談に花を咲かせていたが、何時とはなし思い思いに新聞雑誌を取り出した。その中にうとうとと眠ってしまった。

目が覚めたのは七時半頃。夜はとっくに明け、快晴の日照りで、窓越しに見える景色が、とても目映い。京都駅を発車したのは七時五十分。京美人らしい者も見当たらぬままに通り過ぎてしまった。

これからもうとうとと眠り、目が覚めては時計を眺め、無意味に地図・時間表を繰り開くだけだった。

午後三時半頃広島を通過。当地方はデルタ地方と云はれるだけに橋が多い。広島は最近第五福龍丸事件以来再び話題となった「原爆」の被害地で、一入（ひとしお）感銘深いものを秘めている。九年前の焼野ヶ原は、今は美麗な近代建築が建ち並び、建設えの苦難が忍ばれる。

宮島口を通過する頃厳島が見える。嘗て清盛の建てた鳥居が、傾いた太陽に照らされ、翠を背にして朱も鮮やかに浮んでいる。

間もなく岩国駅だ。乱れたネクタイを直し、下車準備をなす。

岩国に着いたのは、定刻より八分遅れた午後四時四十五分だった。

此所でバスに乗り換えるのだが、皆不案内者ばかりだ。兎に角出ようと、ガードを渡っている時「秩父鉱山の大平さん、迎えの方が東出口に待っています」と構内スピーカーの呼び出しがあって、案内者に導かれるままに出張所へ立寄り、直ちに自動車に乗って鉱山え向う。

自動車は約一〇分で岩国市を通過し、錦帯橋の手前で右に折れ、錦川を左に見ながら、川沿いに上る。

錦川にかかる錦帯橋は、長さ一九三米で、三日月を五つ連ねた様な橋である。

此の橋は、岩国三代藩主吉川広嘉が、承応二年（一六六二年）中国より帰化した独之と云う僧の持っていた西湖志を見て、構想のヒントを得たものだそうだ。

錦川沿道は、自動車二台が、やっと擦れ交う程の幅であるが、アスファルトの立派な道路である。途中の風景は一寸当秩父鉱山え上る時の荒川沿の感じである。ただ、錦川は荒川のように川底が深くなく、幅は数倍はあろう。そして川岸に沿って、モウソウ竹が多い。土地の人は此の竹を春切って、一年間の釣の餌にする虫を育てるそうだ。

此の沿道を約四・五十分走るとアスファルトも切れ切れとなって、次第に山深く入った事を思はせる。岩国より約一時間半過ぎた頃、白塗の幅一尺程の板に「河山鉱山入口」と黒書した示標がある。

此処は錦川と本郷川の合流点で、これより本郷川に沿う。約一〇分位で、正面の急斜面に大きな選鉱場が見えた。やっと午後六時四十分到着した。

河山鉱山は、山口県の東端、島根、広島の県界に近く所謂中国の屋根と云われる山陽・山陰の約中央にある。周囲は海抜三〇〇及至四〇〇米位の山陵が起伏して、平地には恵まれていない。

自動車を降り、本郷川を渡ると、直ちに崇徳寮に案内され、採鉱、探査、庶務各係長の出迎えを受けた。所長、採鉱副課長は出張中、採鉱課長は病床に就いて居られるそうだ。

崇徳寮は吾々滞山中の宿泊所に当てられたが、此処で心地良く過すことが出来た。風呂は美しいタイル張りで浴槽は、大人二人が一緒に入るには、体を丸く縮め、ぴっしりくっついて入る位のもので、小生如き小男にはさして小さいとは思はなかったが、大平、近藤の両大男氏には如何かなと思ったが、何の苦言もなく、実に気持ち良さそうだった所から見ると、何の不自由もなかったのだろう。これに何時も三人一緒に入浴した。

女中さんは三名（はっきりしない）居て、朝は一名づつ当番で朝食を準備して呉れた。皆口数こそ少ないが、良く世話して呉れた。岡田マリ子に良く似た可愛い娘さんがいた。吾々とは不馴れであり、話しは殆どしなかったが、とても愛嬌がある。此の美嬢が主として吾々の世話に当たって呉れた。世話と云っても、ただ不自由しない程度であったが、それで何等事欠かず充分であった。可愛らしいための贔屓目かな？

二十四日より三日間は見学で一杯だった。

作業着、タオル、手袋、地下足袋等は借りたものを着けた。皆綺麗に洗濯され、作業着には丁寧にアイロンが当ててあった。

寮と本山採鉱所間は、歩いて約二十分かかるが往復には毎日ハイヤーが用意された……これでは恐縮だと云ったのだが……でも一度は歩いて見たいと思い、二日目の朝は歩いた。

寮を出たハイヤーは、本郷川の鉄橋を渡る（上山の時下車した処）。右に折れて本郷川に沿って上れば、直ぐ左にヘッド約一二〇米の選鉱場、右に二階建の事務所がある。此の間を通過して、再び本郷川に沿って、平凡な山道を上る。約五分で本山え着く。

途中、崖崩れが二・三ヶ所あったが、これはルース台風のいたずらだそうだ。

ハイヤーを棄てて、お宮の参道みたいな石段を上れば採鉱事務所だ。早速課長室兼用の綺麗な応接室に通された。

本山にある社宅、事務所等は皆新しいが、これらはルース台風の功績？ だそうだ。

鉱業所事務所は海抜約一〇〇米、本山採鉱事務所は二七〇米の高さにあり、当山も平地に恵まれないために社宅等の敷地には困っているようで、階段状に作られ、又各所に点在している。

聞く所に依れば、当山は今を去る二八〇年前、紀州高野山の清安上人の発見に初まり、近くは明治二〇年竹田某氏が、個人経営を初め、以来明治鉱業株式会社を経て、昭和十一年八月以来、日本鉱業株式会社に移ったのだそうだ。

稼行鉱石は含銅磁硫鉄鉱（銅品位〇、九％）で、埋蔵鉱量は確定、推定、予想を含めて、約一〇〇〇万屯と云はれ、従業員約八〇〇名、内約二三〇名が坑内で稼働している。

坑内の出鉱は、月一万六千屯で、索道及びインクラインによって、選鉱オアービンえ送られる。選鉱の精鉱生産高は、銅七〇〇屯、硫化九八〇〇屯である。

当所の硫化鉱は、輸送中に自然燃焼を起こすそうで、此の防止のため、タール添加を施されるので、精鉱は真黒である。この精鉱は、岩国駅間を毎日二往復する二十数台の、七屯或いは四屯積のトラックで送り出されている。

本山見学に当っては、担当の方々は勿論、皆さんから懇切に遇せられ、誠に有難く感じ、心より謝意を述べて帰路についた。

（後記）生来筆無精で、最近は手紙さえ禄に書けない自分であります。しかるに見聞記を書けと云う、きつい命令。本当に困り、尚筆が動かないようになってしまいました。見聞記を書くような資料が得られる余裕があっても、尚良く書かないのに、今回は、とても其の様な余裕はありませんでした。斯様な訳で、見聞記ならざる見聞記を綴ってしまいましたが、此の駄文によって、一応その責から逃れさせて頂きます。

以上

## 釜石鉱山見聞録

木村敏行　浅野勝三　上川義信

釜石鉱山より帰山致してみると、「掘進」編集部より何か見聞記のようなものを書けとの事、私共現場屋にとっては筆をとって物を書くと言う事は非常に苦手の問題であり、自分の専門の見学報告も、あれも見なかった、之も聞かなかった等、色々の事が続出して満足に書けない状況であります。幸に見学先でお世話になり、知人となる事を得ました方々と、今後技術的問題等の意見も交換して出来れば長く連絡を保って行きたいと考えている様な訳で、見聞記を書いても、正しい釜石鉱山見聞記が書けるかどうか、自信がない状況でありますが、一応責任を果す為に綴る事に致します。

三月十二日、不馴れな背広に着換え、ボストンを下げて久し振りに下山。東京に着いたのが八時過。ネオンの夜景に浸り乍ら夕食を摂り四谷寮に一泊。翌朝本社に出頭、散髪して紳士になり、日鉄本社を郵船ビルに訪ね見学の挨拶をなす。その夜上野駅を出発。混雑する列車に乗り込み、運良くやっと三人一桝の席に坐り込み見学の希望に胸を膨らませ乍ら雑談に時を過ごす。

同じ箱に宮城県清掃奉仕団の男女の人達が同乗している。奉仕の仕事も終えて帰国するのであらうが、非常に話に花が咲いている。初めは好奇心でラジオの東北弁でも聞いている様な積りでありましたが、その内うるさくなり、又眠気をもよほす。

十四日の朝方仙台に到着する頃より夜も明け渡り、車内には売子の活発な女性が行き交う。東京で求めた分県地図を見ると松島の近くを通り、汽車は北上川に沿って北上する。窓外は東北地方の景色を呈し、又吹雪も出て参って北国の厳しい生活を偲ばせますが、又早春の心強い息吹も感ぜられる。

十一時過ぎ花巻に到着。吹雪も止んで東北地方の曇天乍ら太陽も顔を出して参る。駅前には露天の店があり、モンペ長靴姿の女性や、綿入の着物を着た商人が元気に売声を立てている。

昼食後釜石線に乗込む。此の汽車は北上山脈を横断して太平洋側の釜石に出るのであるが、段々横断するにつれて雪が深く積ってきている。途中から日曜を利用してスキーに出かけていたスキーヤーが乗って来る。又行商に行っての帰りか、大きな篭と秤を持った一団の女性も乗込んで来た

釜石鉱山大橋の近くになるとトンネルが何ヶ所もあり、車内は真黒になって汽車も喘ぎ喘ぎ進行する。鉱山の社宅のようなものが見え初め午後二時半陸中大橋駅につく。駅は普通の駅と変わりない。鉱石の様なものも見えない。唯プラットホームの左手に一段高くクリーム色の建物が続いている。後から聞くと、之は鉱石輸送用のベルトコンベヤーであって、現在軽便鉄道で釜石製鉄所迄送鉱しているのを、今後このコンベヤーに変えて国鉄線を利用して釜石まで送鉱する様である。

駅を出たが初めてで不案内なので、どちらに行って良いか分からない。大勢の人の後について行くと病院、社宅等が並んで、大分鉱山らしくなって参った。

途中、事務所の位置をたずねる。労務係分所という建物がある。タイムコーダーが置いてある様だ。石炭山と同じ様に労務係で出勤其の他をやっている様だ。保安掲示板があって、向かいにコンクリート建の事務所、選鉱場が見える。坑口がどこにあるのか分らない。事務所に参る。

十四日は丁度日曜なので事務所もガラ空きだが、日直の方が居られて名刺を差出すと色々親切に応接下さる。

休日なので宿舎の方に案内するからとて、自動車を呼んで下さったが、丁度故障なのでトラックとなった。乗れば丁度二・三分。私共が先程通って来た道の横の立派なクラブに案内された。山楽荘と言い、今年の一月よりこちらに移ったとの事。和洋折衷の建物で、部屋にはス

チームが通り、又便所は水洗式である。

翌十五日、借用の作業衣に長靴で総務課に挨拶をなし、又トラックで二・三分の所の採鉱課に案内される。十五・十六日と坑内見学、地質調査、ボーリングの状況を聞き、十七日午後選鉱場を見学、十七日の夕方辞して帰山す。


釜石鉱山は今から二百四十年前に発見せられ、幾多の変遷を経て、昭和九年日本製鉄株式会社が創立され、昭和十四年製鉄と分離して日鉄鉱業株式会社釜石鉱業所となる。現在は富士釜石製鉄所との会社的な関係はない様であるが、鉱石は全部釜石製鉄所に送っている。

釜石鉱山は年間粗鉱出鉱量八〇万屯を上廻り、現在では松尾鉱山を凌ぎ、出鉱量では日本第一と考えられる。又製鉄用国内原鉱石としても日本の全鉱量の半分以上はこの鉱山にて賄れている。鉱量は鉄系統は一千万屯以上、銅系統は百万屯程度持っていて、品位は鉄二十七%、銅〇、二%。又銅系統の方は鉄二〇%、銅〇、五%である。

鉱量は大きいが、品位は秩父等に較べて優秀なるものとは言えない。然し現在銅の六〇〇屯プラントの選鉱場の計画や、又コンプレッサーの購入、仙人隧道の掘進等も実施されている様であるから未だ拡張起業の過程にある鉱山と言はなければならぬ。

当山の鉄稼行の限界品位は鉄二十五%程度であって、今后南方方面の安価な鉄が船賃等もあらうが、入らなければやって行けると言うような意向であった。

米国より入荷する鉄鉱石に対して十分太刀打ち出来る様である。然し終戦后のように鉄鉱石を出せば損をするという苦しい時代の事もあらうから慎重に仕事をせねばならぬと言うお話であった。

現在稼行している主なる鉱体は、佐比内、及新山の鉱体であって、佐比内は水準面七二五米より八五〇米の間、新山鉱体は三五〇米より五五〇米の間を稼行している。

佐比内、新山の両坑内は水平と斜坑、及切上りによって連絡されて居り、新山三五〇米は選鉱場上部ビンと同一レベルである。坑内には一五・六屯電気及蓄電池機関車、及ガソリン車が通り、四屯・五屯の鉱車を引張って鉱石を運んでいる。

釜石鉱山の方のお話によると、最初製鉄所に送鉱する軽便軌条と同一規格で坑内の運搬も設計したのであって、之が今日の出鉱に非常なプラスとなり採鉱法も研究せねばならぬが、採鉱した鉱石の二次的処理と運搬輸送の面が非常に大きな要素となっているという事を考えねばならぬというお話であった。

採掘は長孔式の採掘を実施し、二十七年三月の大崩落の後、二十七年十二月七日、有名な釜石の大発破に北部踏前（ふまえ）落しにより、三一屯の火薬を使用し六〇万屯、二十八年九月十三日に南部踏前落し発破により三〇屯余の火薬を使用し四〇万屯の採掘が行はれている。

之等採掘鉱石は二次処理に一次採掘費と同程度の費用をかけて鉱車に積込まれ、選鉱に運搬される。

地質調査、及ボーリングは出量の多量なるため、鉱量の確保。獲得に又苦労しているが、鉱床は秩父と同様に石灰岩の接触交代鉱床であるので、石灰岩、スカルン地帯の調査、及鉱体の在り方に重点を指向して採鉱の成果を挙げている。試鉱は純粋な探鉱の他に鉱体の形状の確認と鉱体の品位の決定の為に有効に利用している。


選鉱は鉄系統と銅系統の二つに分れているが、月間鉄系統は六五〇〇〇屯、銅系統は四五〇〇屯の処理で、現在日産六〇〇〇屯の銅系統の選鉱場の建設を急いでいる。

鉄鉱石はクラッシュされ六〇～六粍を塊鉱として乾式磁選され、六粍以下はボールミルにかけられて湿式磁選される。

その尾鉱は銅系統のボールミルの磨鉱と共に浮選機にかけられ、銅を回収后、又湿式磁選が行はれる。この尾鉱の一部よりガーネットが回収されているが先づテーブルにかけられ、又磁選機で選別されるが、之は試験的なもので利益にはならぬ。尾鉱は洗縮されて鉱車で堆積場に送られる。

以上、釜石の採掘、選鉱の概容を書いたが、釜石鉱山は日鉄鉱業のドル箱として年間数億に近い企業費を使い、設備の拡充と共に石炭山の不況をカバーしている様である。


然し鉱石は秩父等に比較すると余り良好ではない。現在粗鉱品位は主体をなす鉄鉱石で鉄三一％、銅〇、二％である。今仮りに先般鉱務課に於いて算定された％当り鉄銅の値段をあてはめてみると、鉄控除品位六％、銅〇、〇三％として算定すれば、屯当り価格は約二一〇〇円である。鉄％当り値段が八〇円としても約二四〇〇円程度である。

当秩父鉱山に於ける鉄硫化鉱の鉄四〇、九％、硫化一九、九％を前記基準により算定すれば価格は約二九〇〇円となる。鉱石其の他の値段は釜石の鉱石より高い。既に当秩父鉱山に於ても所長以下低廉価格鉱石の稼行を企図されているが、鉱業所全員、この点を考えて、この方針の下計画を早急に推進して当山の生きる道を拓かねばならぬと痛感した次第です。


釜石は全従業員一七〇〇名、秩父の約三倍の人員で、鉱石は十倍の出鉱量である。鉱体は大きいし立地条件は比較ならぬ程良いが、秩父に於ても従業員心を合せ生産に対する自己の立場をお互に考え、一人当り出鉱量の増加を図らなければならぬ。

色々、その他技術的な、問題について見聞を広めてきたが事務処理及び経理関係の問題については余り聞いていない。只、勤務時間が拘束八時間四十五分でタイムコーダーに依り、時間を正確に記録していた様である。

私共も今后見学に依りまして受けた有形無形の刺激を充分に生かして仕事を致して行きたく考えて居ります。採鉱関係の方々が色々の雑誌その他で研究・勉強されている事を見まして私共の日常と比較し考えさせられる事が多々あります。新しい事をやって行くには矢張り知識の培養が必要と思はれます。

以上、甚だ拙い面白くない見聞記であると思いますが責を果したく存じます。

## 生野・明延鉱山を見て

選鉱係　吉永愛和

他鉱山見聞記を書けと言はれても、残念ながら編集部の注文通り面白い読物風に、しかも建設的な意見として書けるかどうか早く言えば自信がない。

或る物知りに言はせると、百人一首の大江山いくの（生野）の道は遠けれど……のいくのは、此の生野の掛詞なんだそうで、万葉だか、古今だかよく知らんが、相当古くから鉱山として知られていた様だ。

生野鉱山は生野の町のはずれにある。会社差し廻しの自動車で音もなくすべり込んだので距離が何程あったのか覚えておらない。途中から社宅が続くが、その社宅の塀が古風である。と言はんよりも寧ろ考古学的資料である。聞くなれば徳川時代からのものらしく、運ちゃんの話では「早く取壊して新しくしてもらはないと厚生費の金はこいつが全部喰っちゃう」のだそうで大変なものだと思った。

然し、物は考え様、今にして既に天然記念物である限り、あと百年もたてば立派な国宝級。国庫の補助も出ようから短気は損気である。

かくて鉱山の入口に達する。この入口の石門が又古めかしい。幕末も過ぎて維新にかかる頃のものであろう。古色蒼然たる菊の御紋章が未だに残っているが、門の鉄扉は残念ながら戦争中弾丸に化けたらしい。

この門柱の古さには全く驚いたが、其の直ぐ側に近代的なタイムコーダーが、昔と今の距離を無言に語っておった。

当所の御偉方は従業員並に、此のタイムコーダーの御厄介になっておられる。カードを大事に胸のポケットから出して機械にかける。パチンコ式のあの音が極く自然であり且つ印象的であった。

訪問であるからには先づ庶務に行った。此処の事務所は図体も大きいせいか、庶務、労務、経理と別々に場所を占めて蟄居している。部課長の大物級は別室に幽閉されて同居しておられたが、別にケンケンガクガクの風情もなく大いに協調的であるように見てとった。

事務所へ入って先づ驚き入ったは、壁なる壁に額縁に入った美しい絵が無数に掛けられていたことである。丸で展覧会を見に来ている様な錯覚に落ちた。聞くに、終戦后本職の画家が喰ふに困って坑内作業に従事した置土産なんだそうで、二束三文で買ひとった次第であると。

絵は人の心を美しくする。出来得るならば工場内に美しい絵を飾って見たいと強く感じた。

それから間もなく、目的の選鉱場の方に案内されたが、是が亦、一見古城の如く、数千坪に及ぶ屋上の古瓦が南西の太陽をまともにうけて無数の傷跡が痛々しいまでに目に映じた。正に徹底した古さだ。

選鉱事務所に入って又驚いた。此処にも亦数枚の絵が壁に飾られている。これも選鉱夫の置き土産とするなら、出生地の採鉱事務所は天井に至るまで絵がぶら下っているのではないかと少々頭が変になって来た次第だ。

選鉱の大きさは四・五千坪もあったか知らん。秩父と比較するに略一桁違ふ。これが明延の選鉱場になると、又一回り大きいのだから彼等が東洋一であると誇るのも無理ないことである。

「やあ、君だったのか……見覚えのある顔だと思ったよ」「はぁ、久し振りです。一昨年は色々お世話になりまして……」此の先生には一度お会ひして「頭のめぐりが良い人だな」という印象を受けている。此処の課長さんである。

「どうだね、君んとこの最近の選鉱成績は？」一応私は素直に我が選鉱場の実績を説明した。

しばらくあって課長は「成程、随分立派な成績だ」と感心してくれたは良ろしいが、古兵の面子もあるといふもので「君、選鉱成績なんてものは、他山と比較すること自体がおかしい。秩父の成績は秩父のだし、生野の成績は亦生野のものでしかない。言はば絶対値なんだ」と。

別に私は実績を比較しにはるばると大江山いくの（生野）の途に迷い込んだわけではない。純粋に場内を見たいだけの話である。

其処で想ひ出すが、去る日の木下教授の御高説にもある通り、地質学といふものは「かかるが故に、かくの如く推論致す」ことが数々あるので、選鉱が此の地質学的因縁付きの滲みきった鉱石を取扱う場合、個々の鉱山によって操業方針や其の効果が変わって来ることは最早宿命的なのである。

秩父の場合を例すれば、Aなる鉱石が高温性から低温性に連続して賦存するとあらば、選鉱的にはAなる鉱石の実収率は厳密に言ふと、温度変化の微係数で表はさなければならん。観念的な数字の遊びでは済まされないことになる。つまらん理屈は止すが、生野（明延亦然り）の場合は亜鉛鉱中に固溶体で賦存する銅鉱の為に、哀れや本店からは叱られるし、製錬所からは嫌はれるしで地質学というものをつくづくうらんでおった。まことにお気の毒である。

帰山して早々にたづねられたことは「あっちの選鉱場は綺麗だったんべー？」である。余程場内の美醜は気になると見える。これも日本人の清潔感の然らしむものとすれば、敗けたりと言ひながら一等国である。

「オー、イエス」何事にもまあこれが一番無難な言葉であるが、明延の場合は建物が新しかったせいか一段と美しく見えた。

処で、僻みといえば言えないこともないが大体母岩脈石がシリケートなものだと、絵の具の土色をジンクでうすめた様な色合いになる。日本の画家にどの色を一番好むかと問えば大概この色を選ぶそうだ。ホラでもないが、見るところそれはメリケン粉の粉であり、きな粉であり、まさに硝子の粉である。これぢゃー、汚れれば汚れるほど美しくなるといふ寸法である。僕は此の経験を足尾鉱山でしているので成程と思った。

色彩調整は今や時代の花形であるが戸惑いしている感じである。喰いついては見たが、経済的に、材質的に、亦視覚心理的に半熟の卵なんであらう。

「どうして此の色を選びしや？」「汚れても、汚れ目のめだたぬ様に」である。汚れても元々が白であるから暖寒色。明、暗色。清、濁色。何でも調和する理だ。それがトップライトをうけて輝く時、色彩調整の効果は百％具現されたことにならう。

この論理をば我が選鉱場に適用したらどうなるか？建家は年がら年中太陽に背を向けている。鉱石はニグロ的黒さである。汚れ目を完全にふさぐには、黒には黒で塗り潰すしかない。然し、誇大妄想的解釈をするならば此の恐るべき黒さの中に、幾つかの美しい原色を点在させて見たら、全く素晴らしいアブストラクションになると思うんだが、オーソドックスな本にはかかる調節法は出ておらないので想像だけにしておこう。

　此処で一寸、明延鉱山に触れる。明延はかつては生野の一翼であった。所が今は完全に独立して寧ろ主客転倒した形である。又あらゆる面でことごとく対立している。何故にかくも対立しなければならぬのか？　課長もあまりにシゲキが多過ぎて夜もおちおち眠れぬと言っておった。（註）この対立は良い意味での対立である。

　一例を掲げれば、生野の場合は無数の係長が竹の子の如く存在するに反し、明延は「係長などは無用でござんす。課長一人で沢山」といった具合だ。しまいには「所長一人で沢山でござんす」となりかねない。多分、百姓は「雀の十羽は寧ろ悪党、燕一羽が役に立つ」と言ふであらう。然し、雀十羽を焼鳥にして見給え、うまいものである。要は調理の仕方によるべけれ。因みに、選鉱の純粋な技術的操作に於いてすらも、丸で逆さである。

　所で施設の話だが、一般の工場もそうである様に、此処も亦アメリカ文献型と考古学的資料とが雑居している。然し、良く調和して、互に他を侵しておらぬは、愚人の遠く及ぶところではない。

　其処で、どうにもならぬ日本経済の苦悶が、頭の中を行ったり来たりする。或る人は猪突猛進しろ云ふし、或る人は石橋を叩いて渡れと云ふ。中古の自動車は日本では四万台として立派に通用している。考古学的機械も馬鹿にならないであらう。さりとてアメリカ文献型に目をふさぐのは悲劇である。日本経済の足どりはスロー、バット、スタデーでゆくより仕方がないと思った。

「機械化について貴殿は如何にお考えであるか？」我れながら理のわからぬ質問である。「機械化に就いては絶えず留意しているが、日本の只今の現状では機械化したために却って人間の数が増えた」といふ笑えぬナンセンスもあるそうで、心すべきことである。機械化は必然的に失業者を生む。これが理屈だ。その出来た失業者が首をしめにくる。こうなると大変である。アメリカ的合理化とは当然似て非なるものであらう。

　組織の問題に就いては少々抽象論になるが、明延の課長様がうまい事を言ふていた。日本の縦の組織は神武天皇以来のパテントである。これが大東亜戦争になって頂点に達した。ところが横の線はどうか？　これはまた支離滅裂といふもので、大東亜戦に敗けたは陸軍と海軍が喧嘩したからだと言ふ人もある。かほどに横の連携は無茶苦茶である。早く言へば責任のなすり合ひである。縦の線から横の線に焦点を切り替えること正に急務である。と……。

　酒の座は、しばしば秘中の秘を語るに躊躇しない。組合運動の話が出た。先方のは労働運動である。労働運動は個人的であり、イデオロギー的である。組合運動はどうかすると次郎長的であり、石松的である。

いずれが是なや否なるや余計であるが、労働運動の方が経営者にとって骨身にこたえる。口舌三寸で叩かれるのではなくて、血を吸いあげられるのだから、うかうかしておれない。追手、カラメ手の作戦も時に馬脚をあらはすことは人間であるからやむを得ないが、どうも見るところ会社側にも、働く者が馴染めないものがある様だ。こうなると三菱といふ「ノレン」が仇である。此処の人達は本社を呼ぶに「本店様」である。センスが多少徳川時代に近いのに、新しい思想が頭から覆ひ被さってきては考える余裕がない。

だから強行策の積りでやったことが、見る見るうちに温情策に早変わりする。労働者には都合が良いが、経営者は夜もロクに眠れないのである。


会社の接待は頗る上々であった。名もなき一技術者と云へばそれまでだが、ちゃんと自動車で送り迎えられては涙のこぼれる程嬉しくなる。

人を遇するに厚し、是程心温るものはない。

これでどうやら話も尽きた様である。建設的な意見を多少でも盛ろうと思ったが所詮は無理だった。これぐらいでカンベンして下さい。

# 秩父鉱山の資料編

秩父鉱山上空からの航空写真。

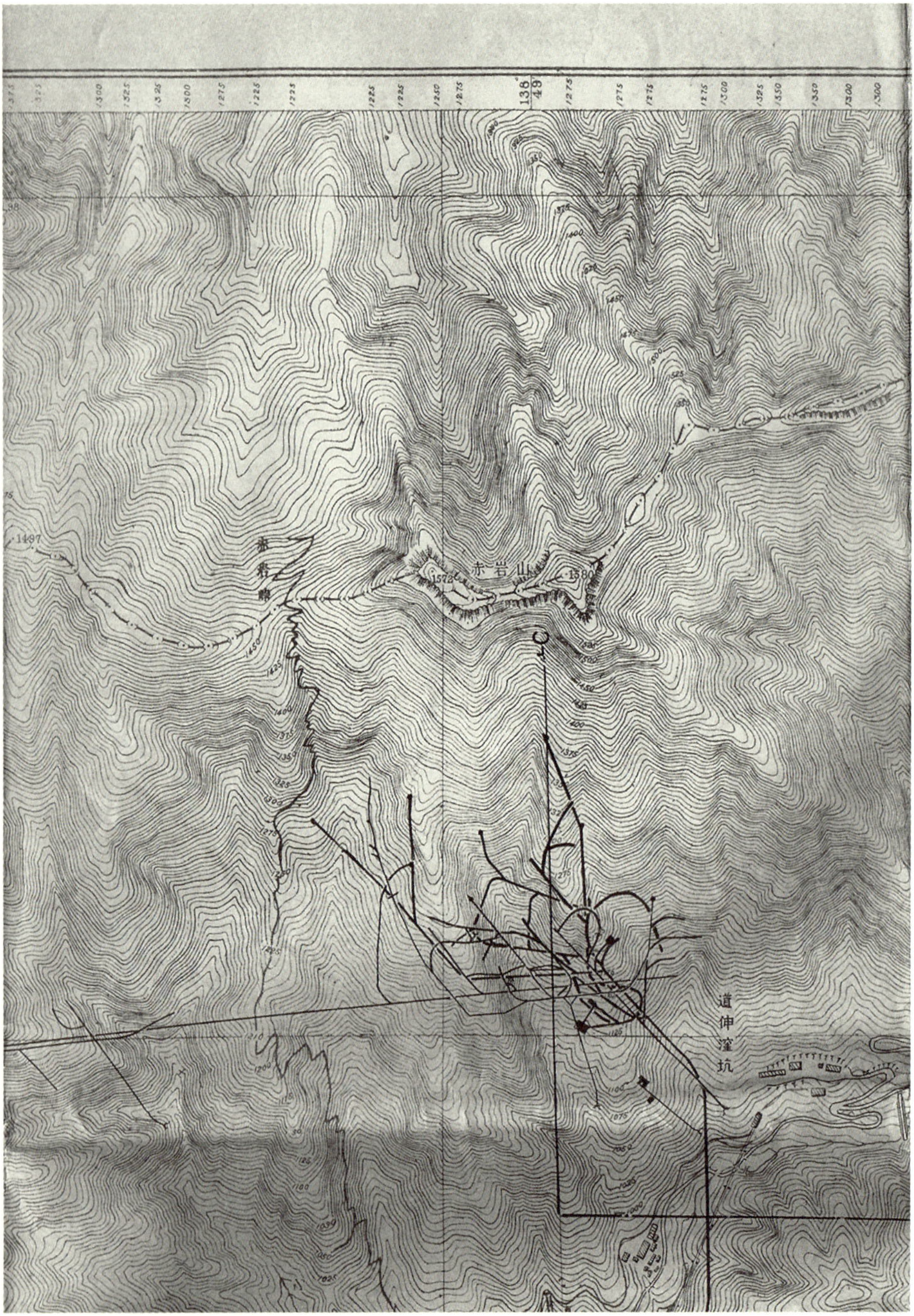

左が赤岩坑、右が道伸窪坑。

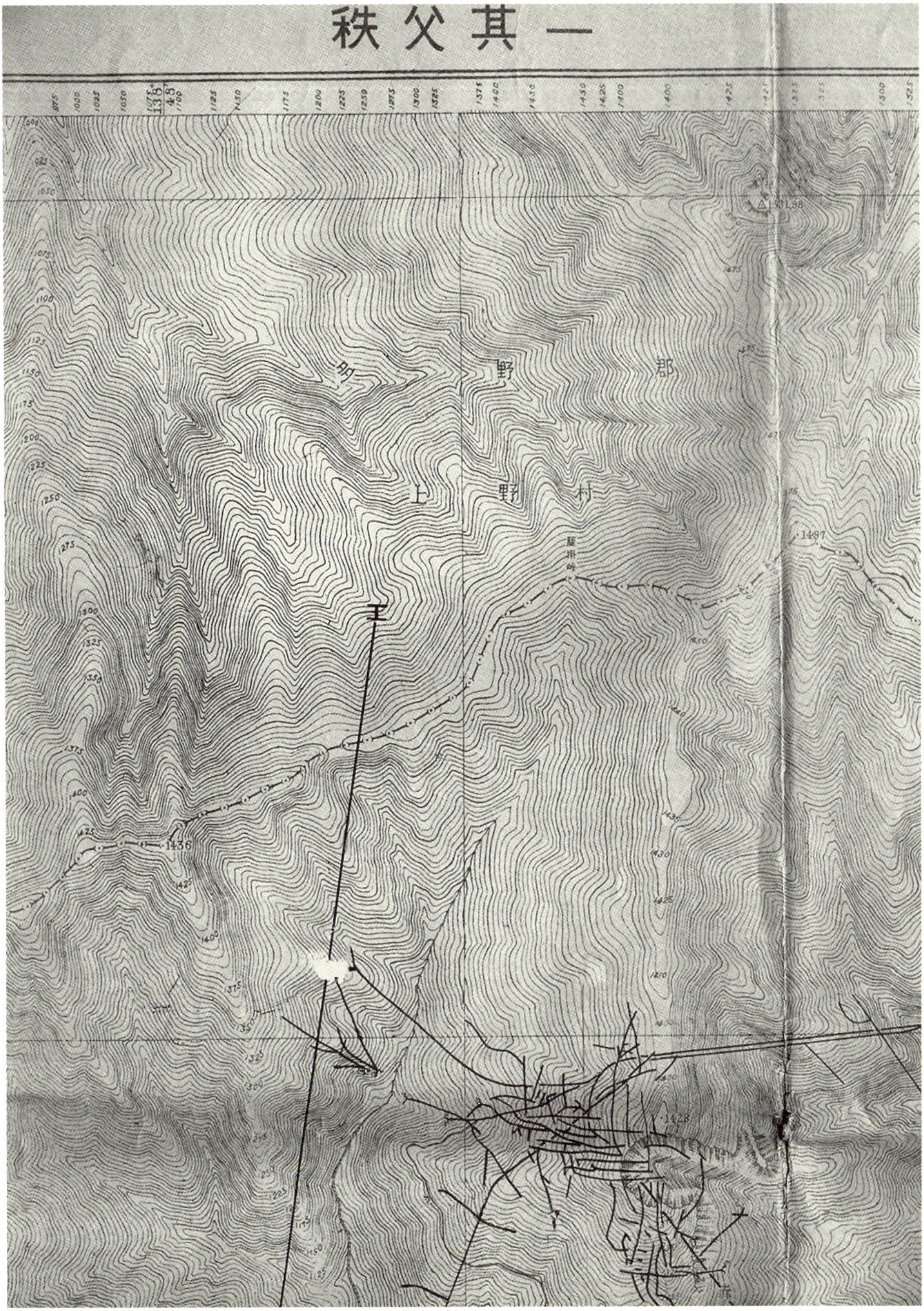


本坑に設置されていた案内看板の元になった坑道図。黒い線が坑道位置。

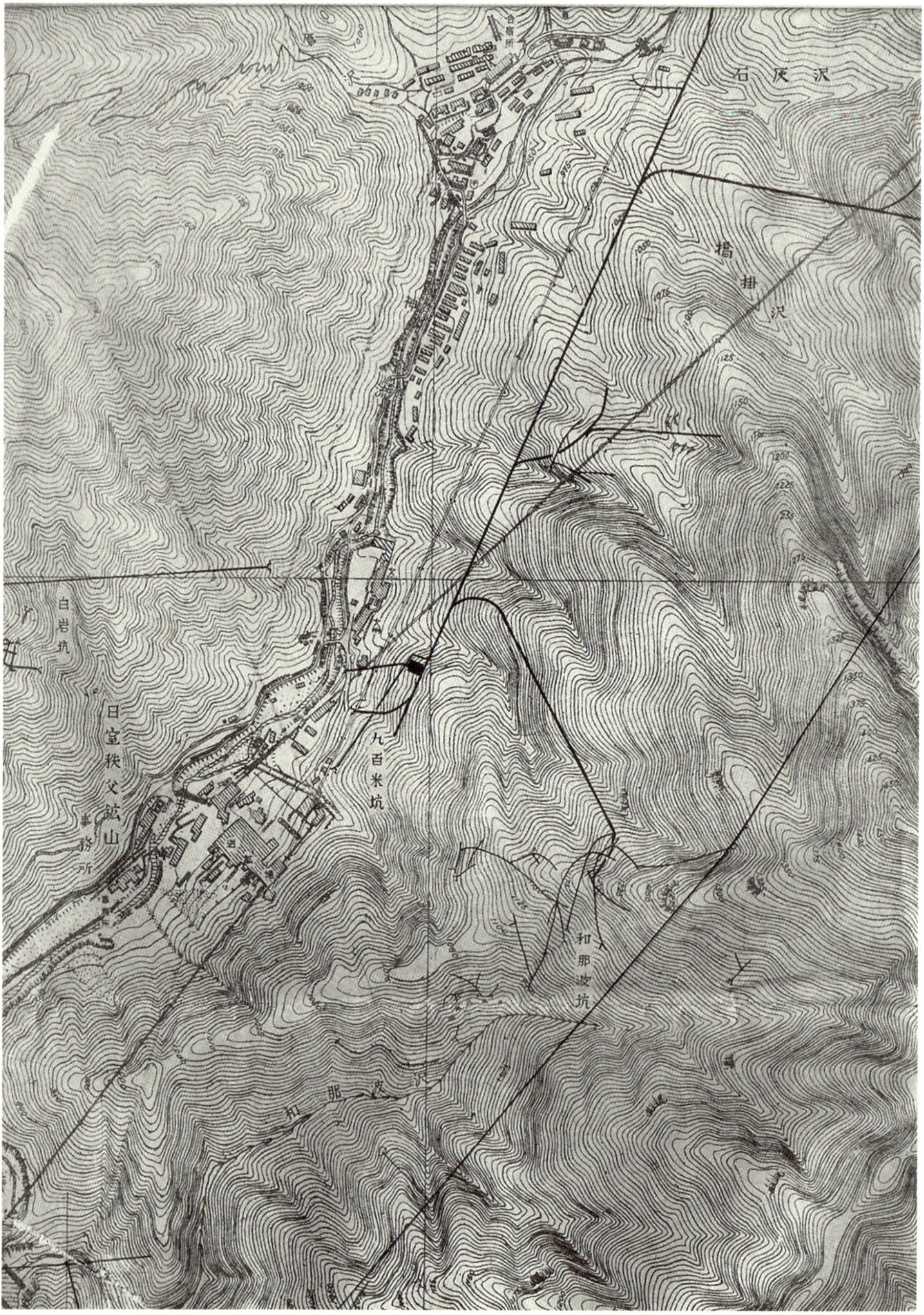

本坑と右に和那波坑。

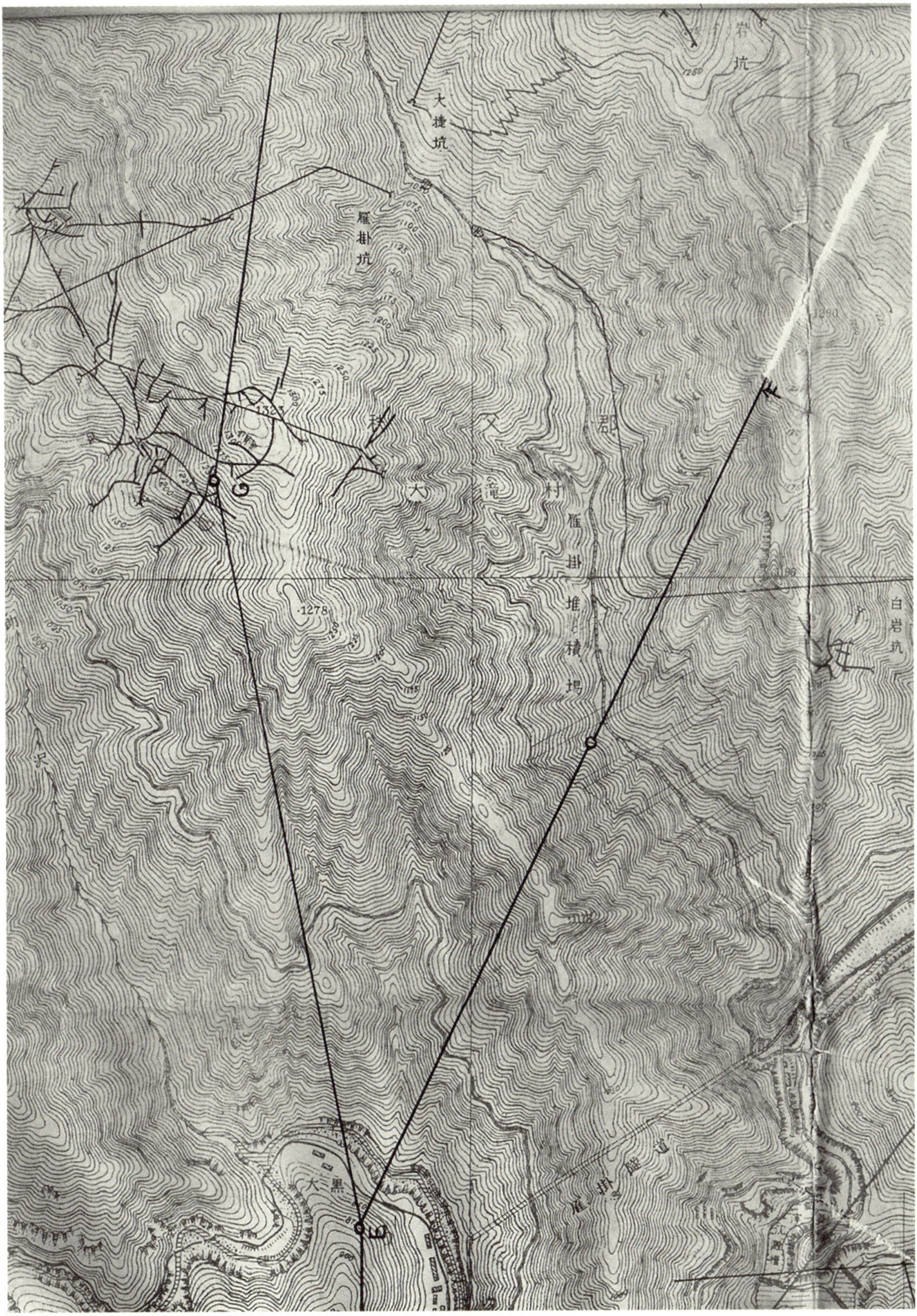


左に六助坑。

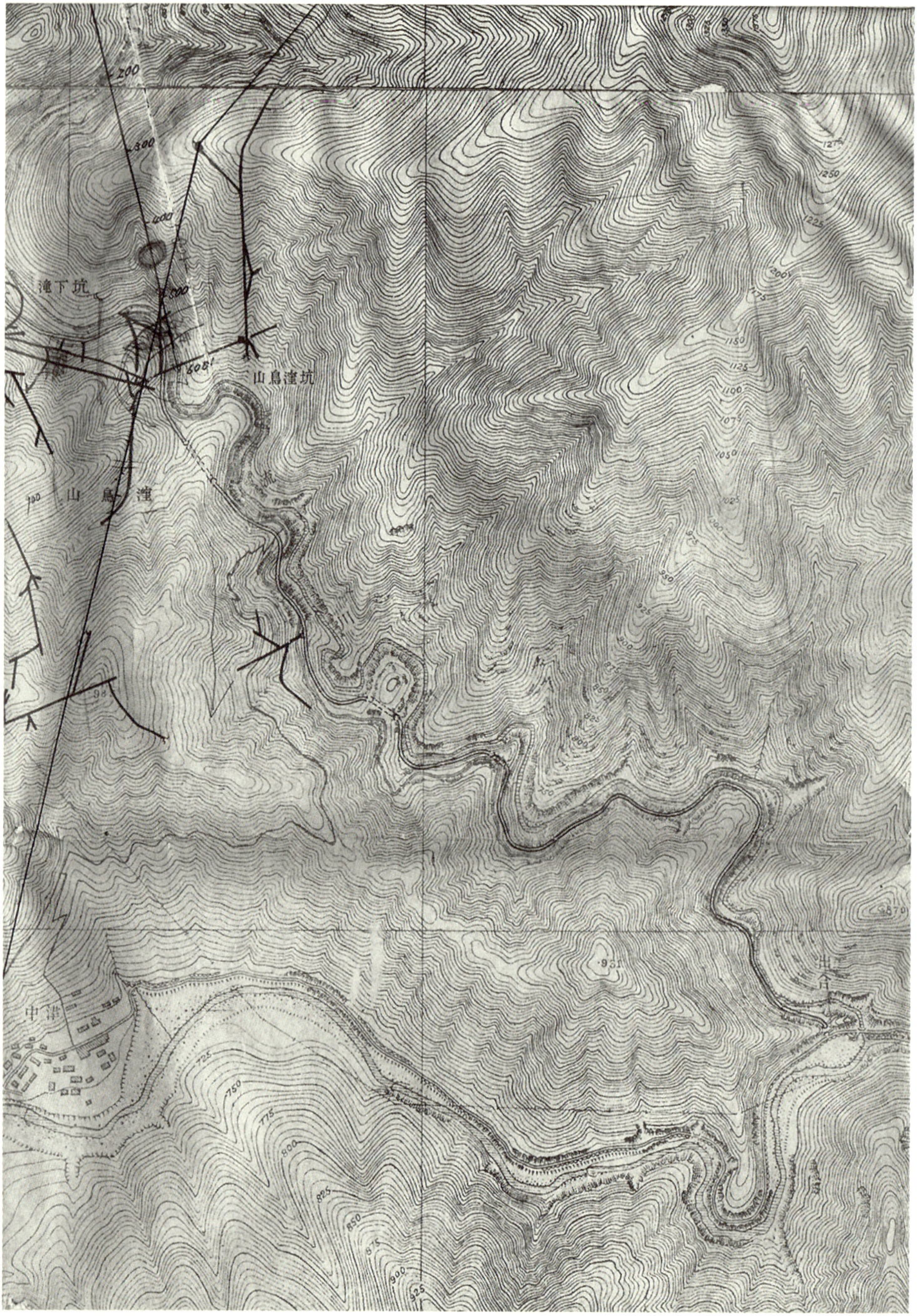


左上に山鳥窪坑と滝下坑。

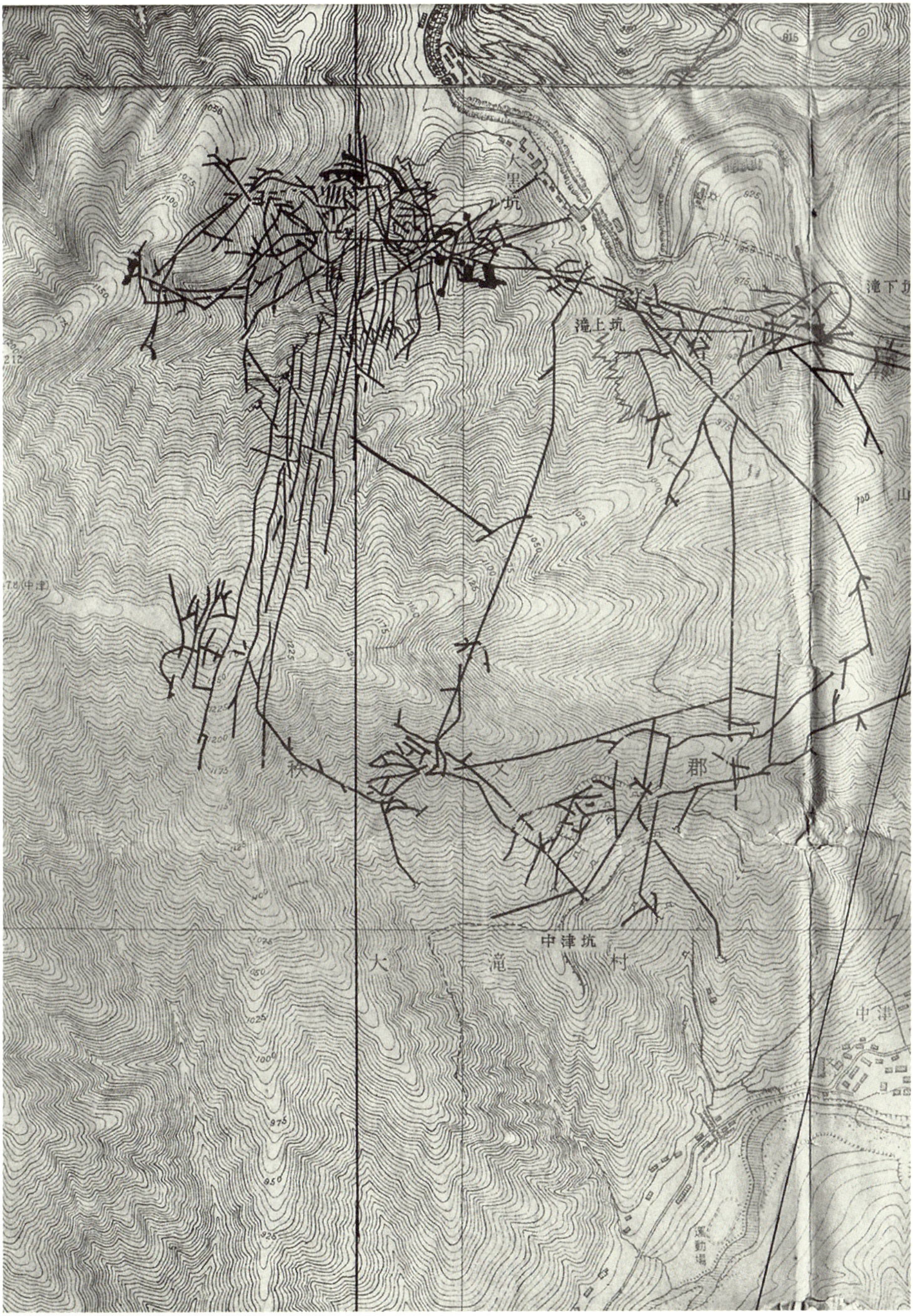


左上に大黒坑。その右に滝上坑。下に中津坑。

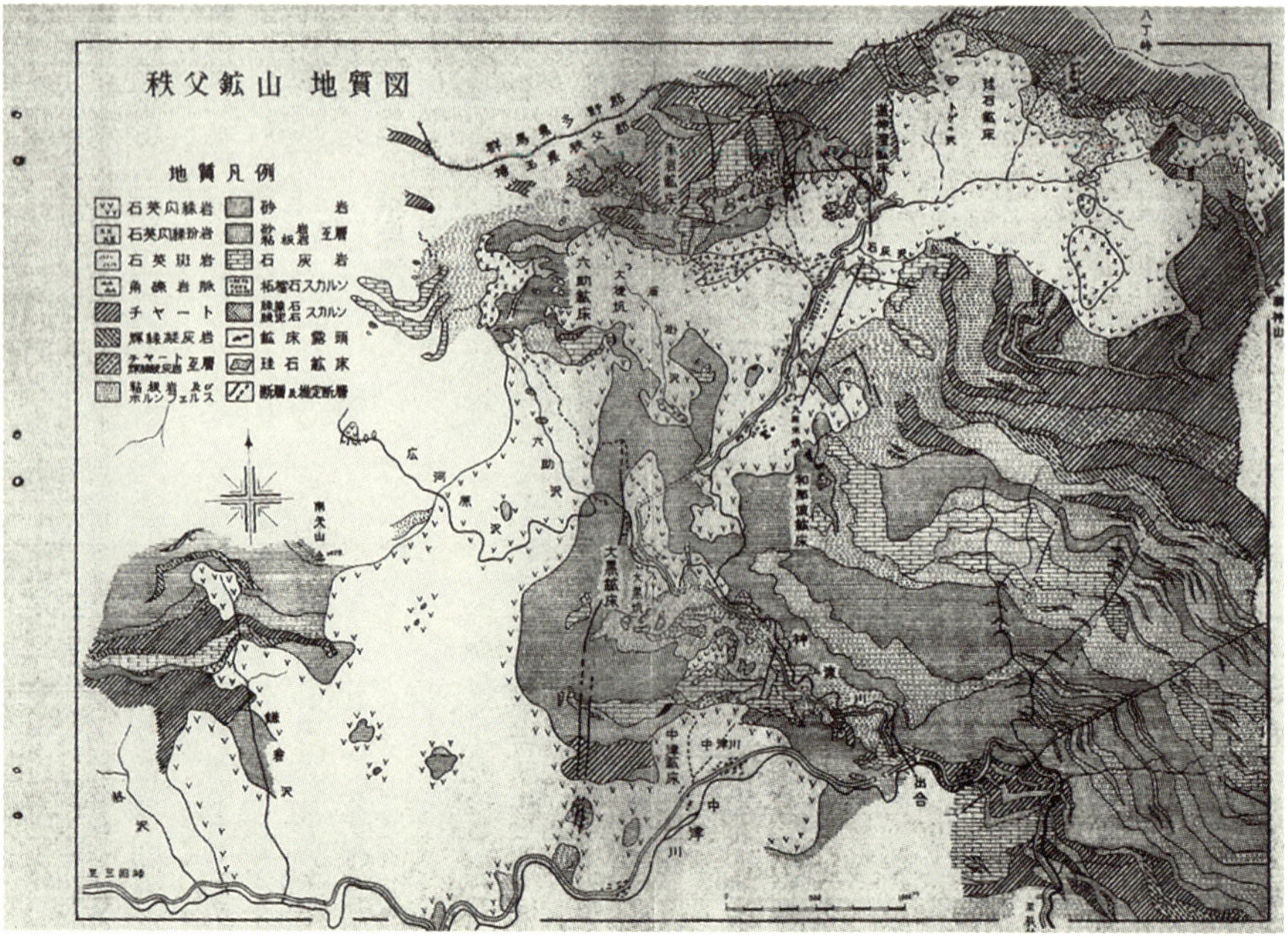


秩父鉱山周辺の地質図。

秩父鉱山周辺の火成岩と石灰岩の分布図。

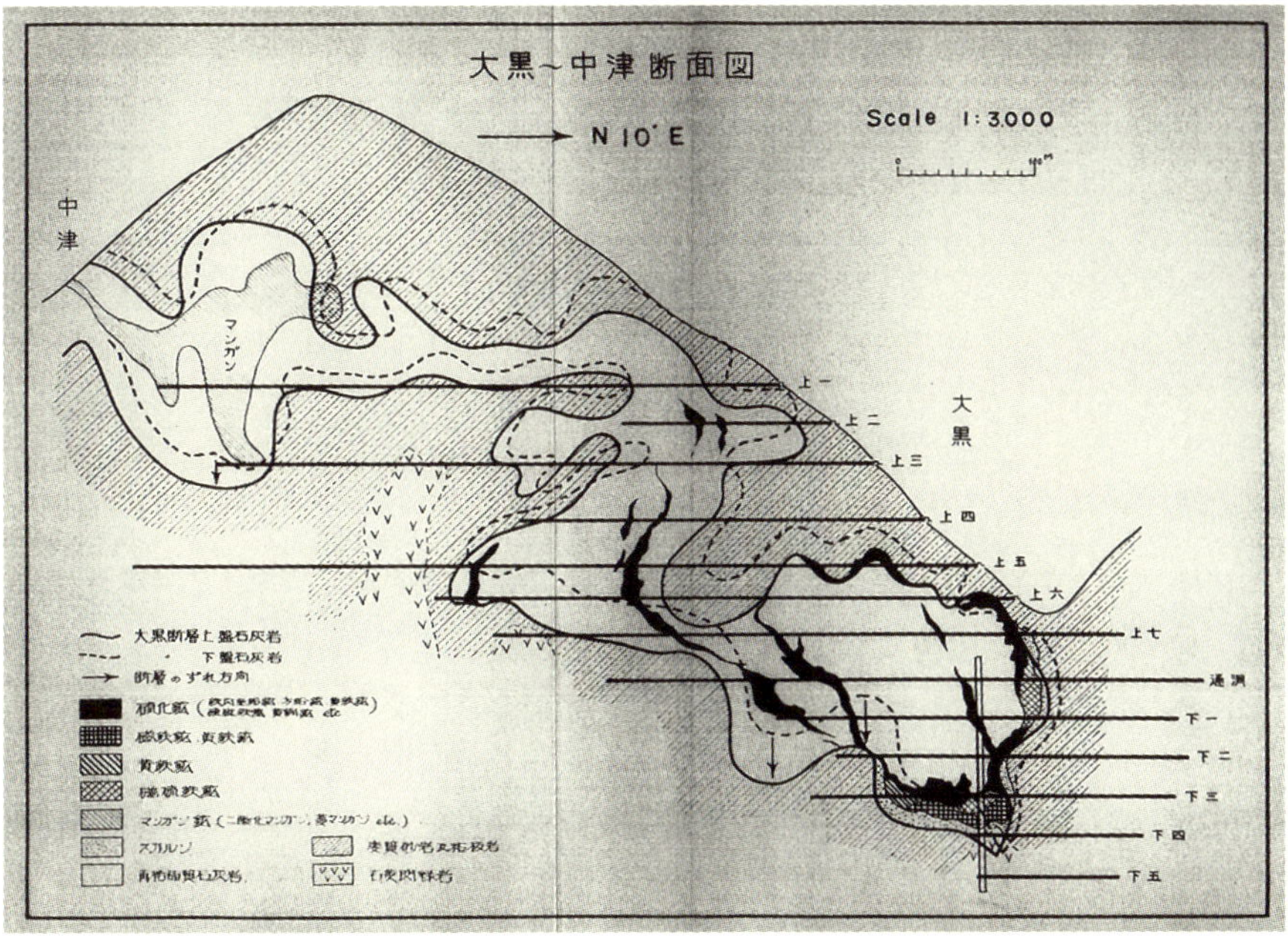


大黒坑～中津坑の断面図。

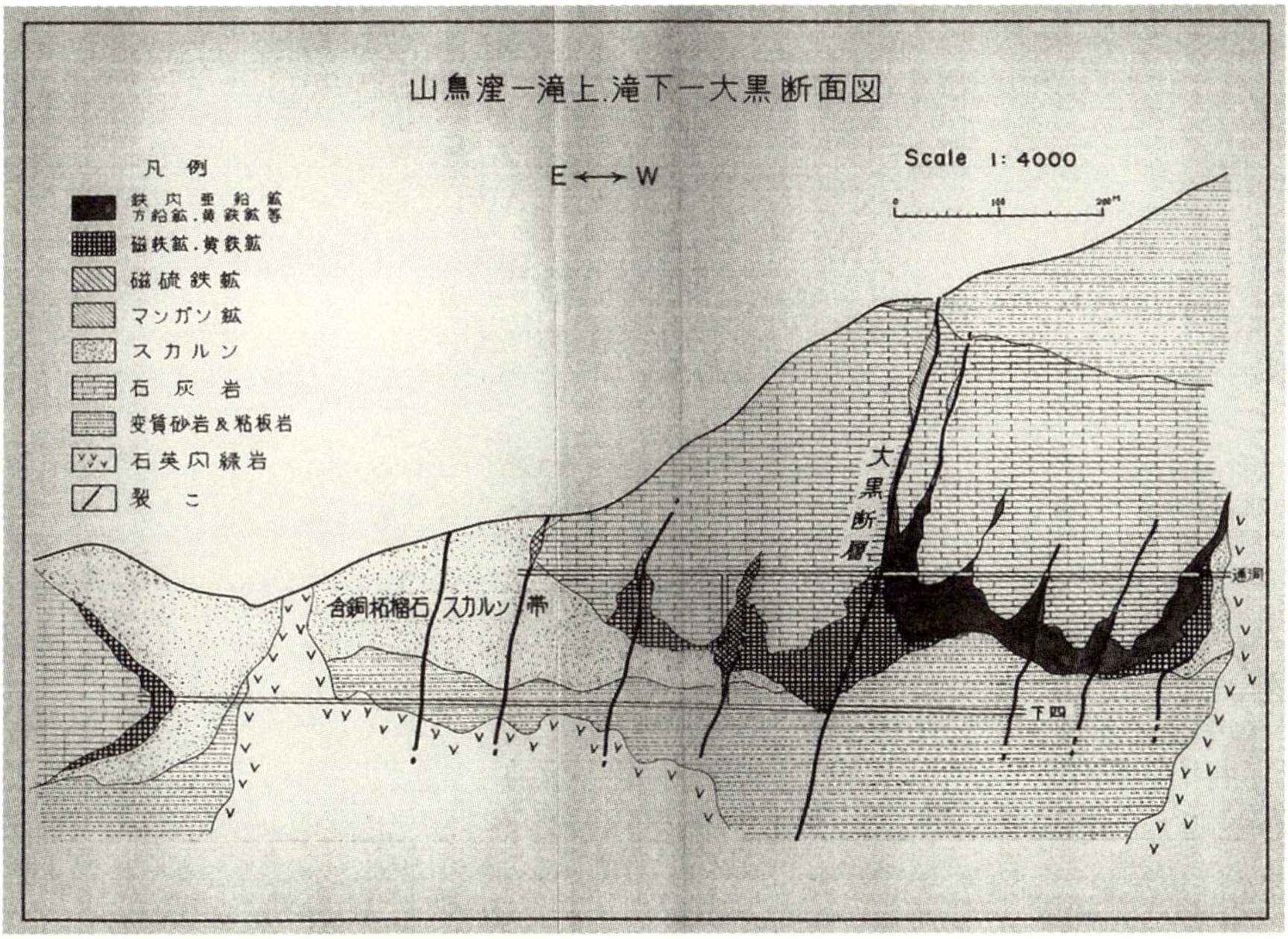


山鳥窪～滝上・滝下～大黒の断面図。

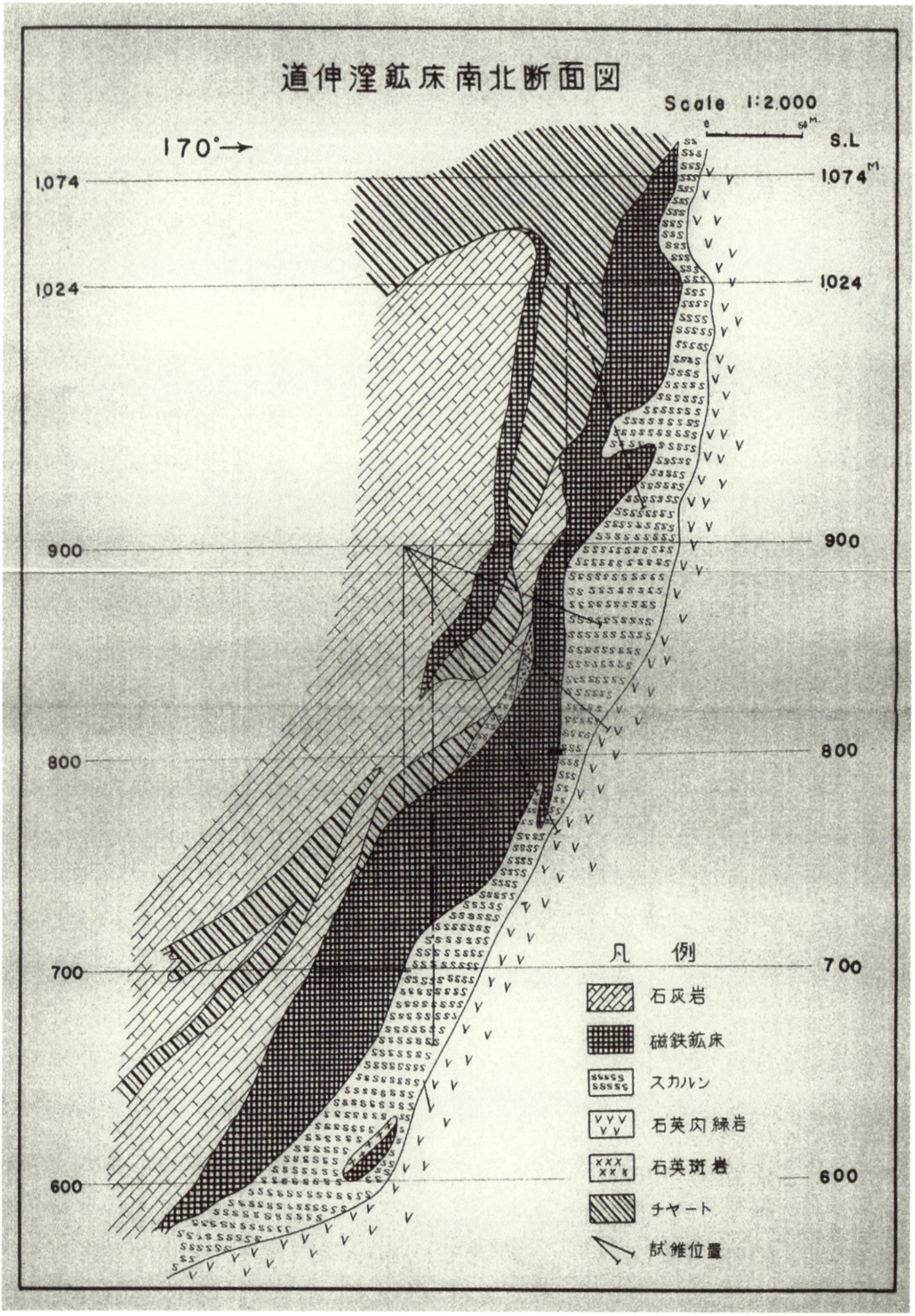


道伸窪鉱床の南北断面図。磁鉄鉱床が1800万トンに及ぶことが判った図。

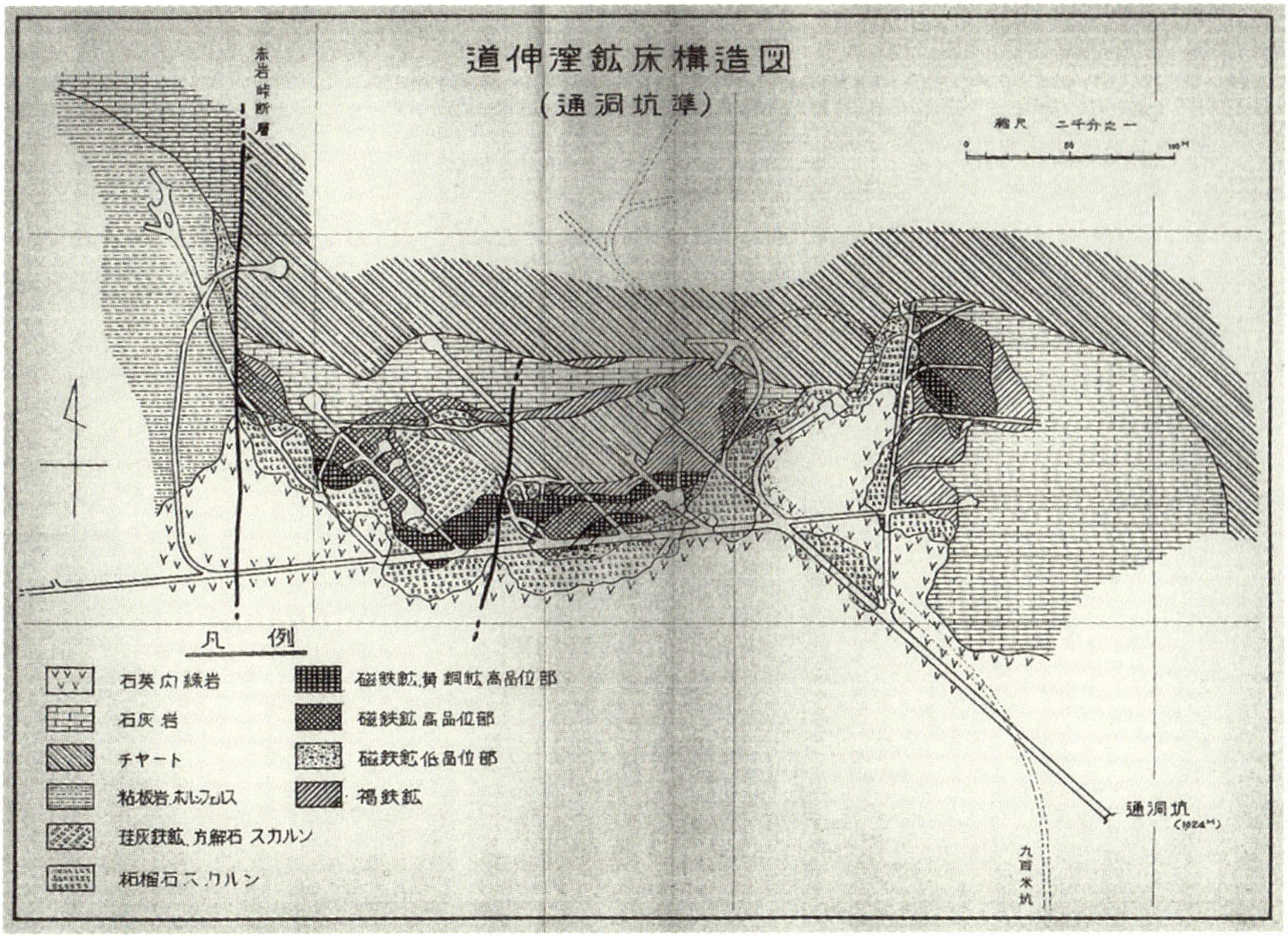


道伸窪坑通洞口1024mレベル、鉱床構造平面図。

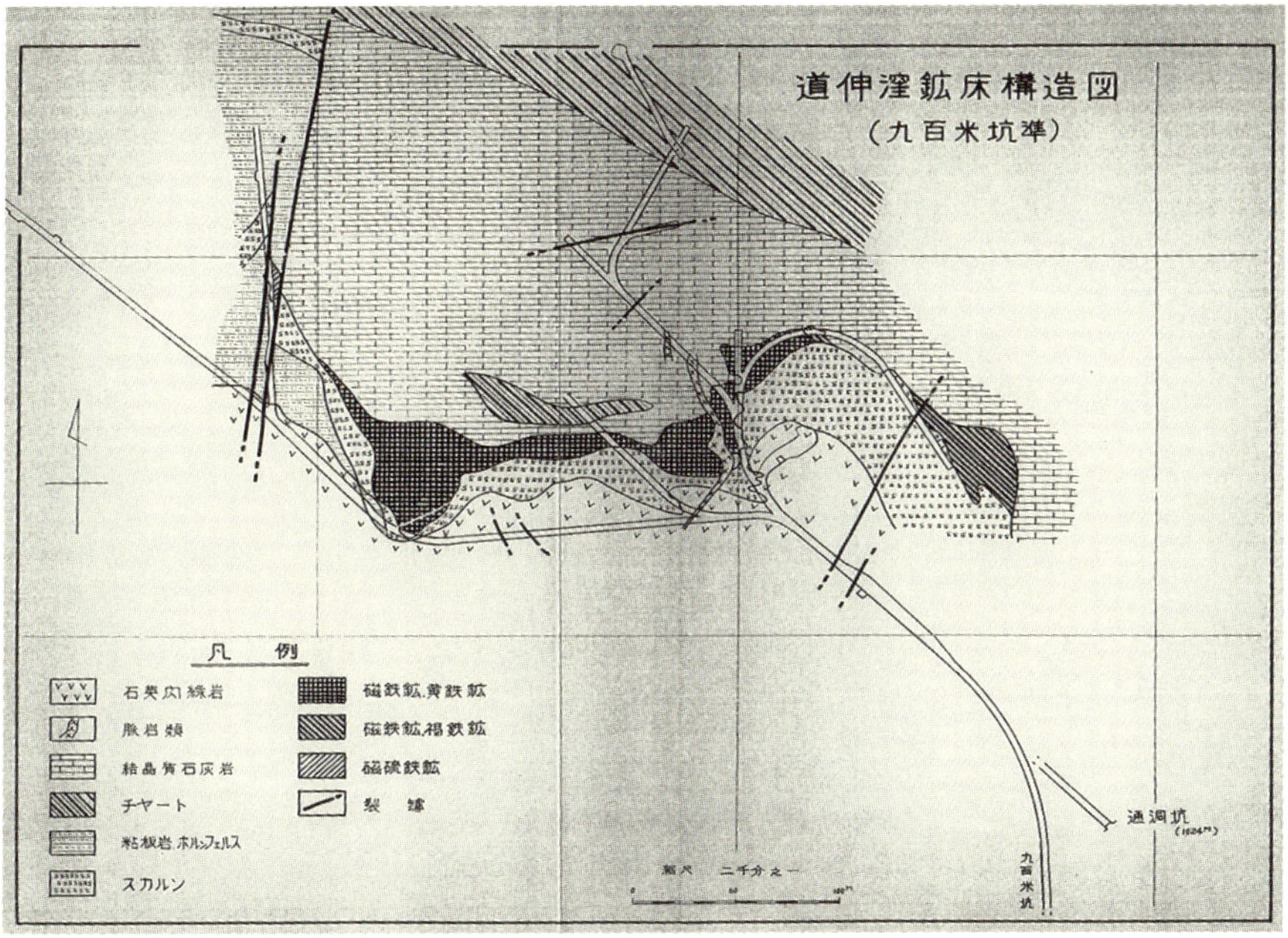


道伸窪坑900mレベル、鉱床構造平面図。

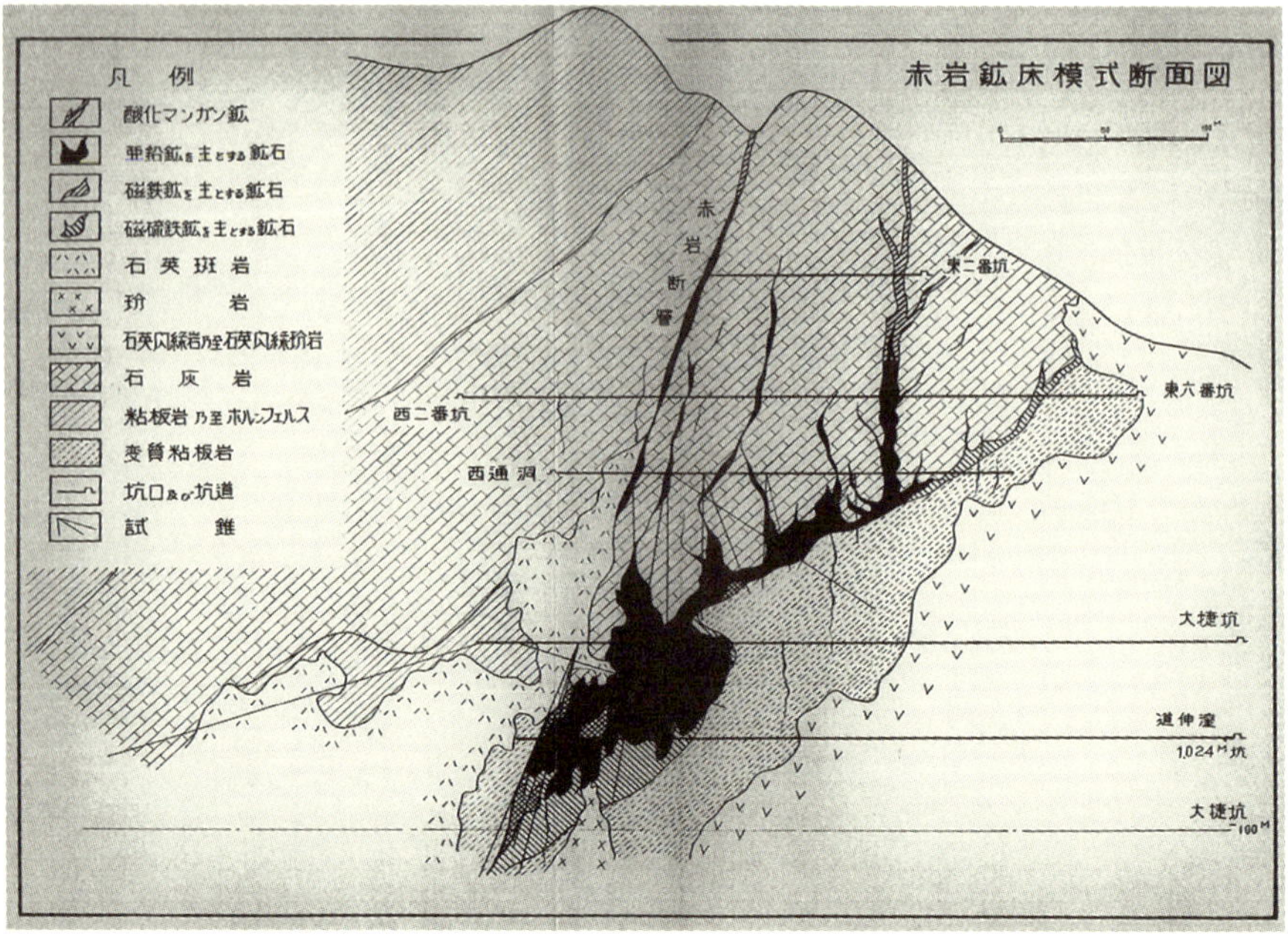


赤岩鉱床の模式断面図。

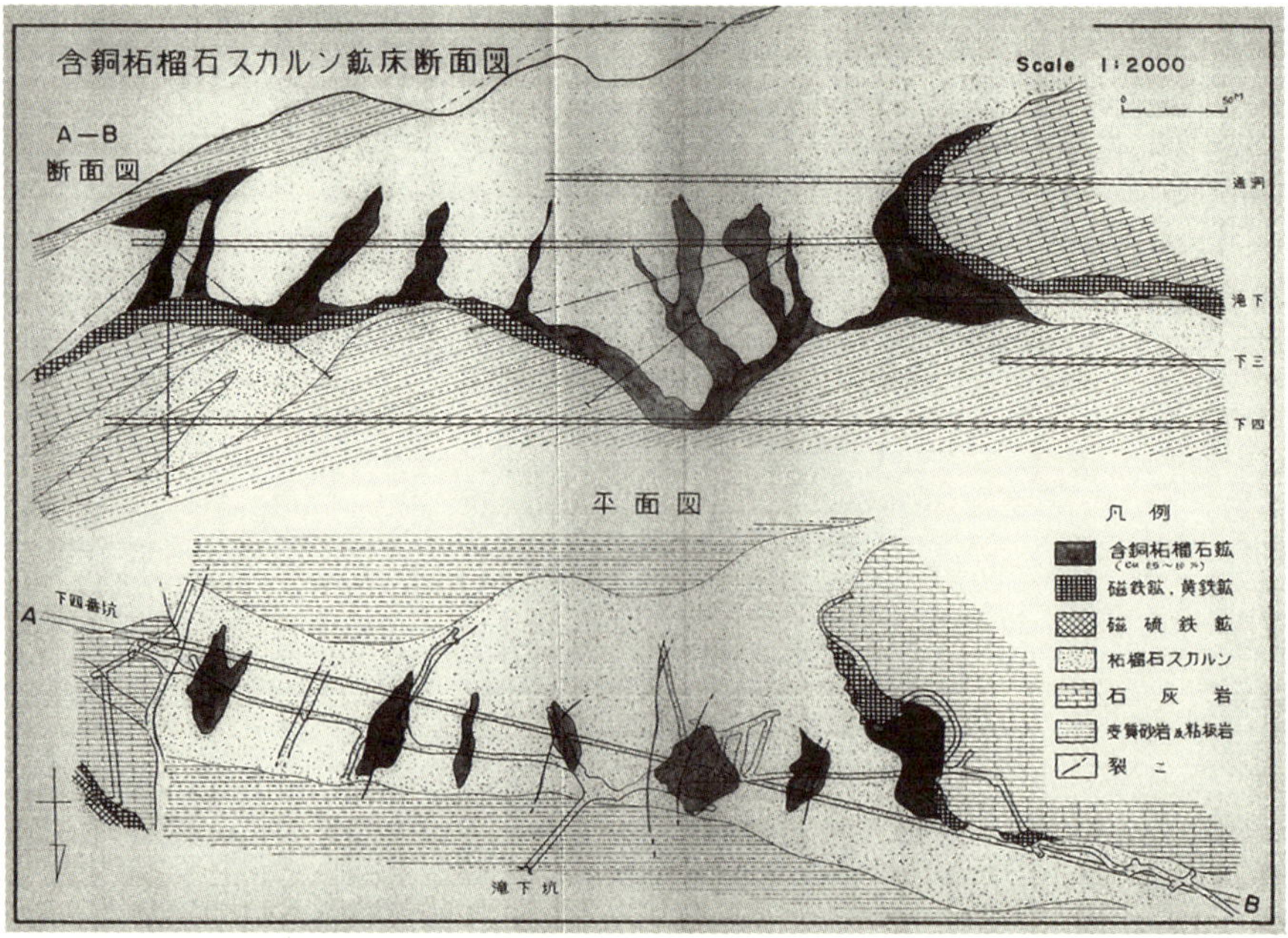


銅を含む柘榴石およびスカルン鉱床断面図。

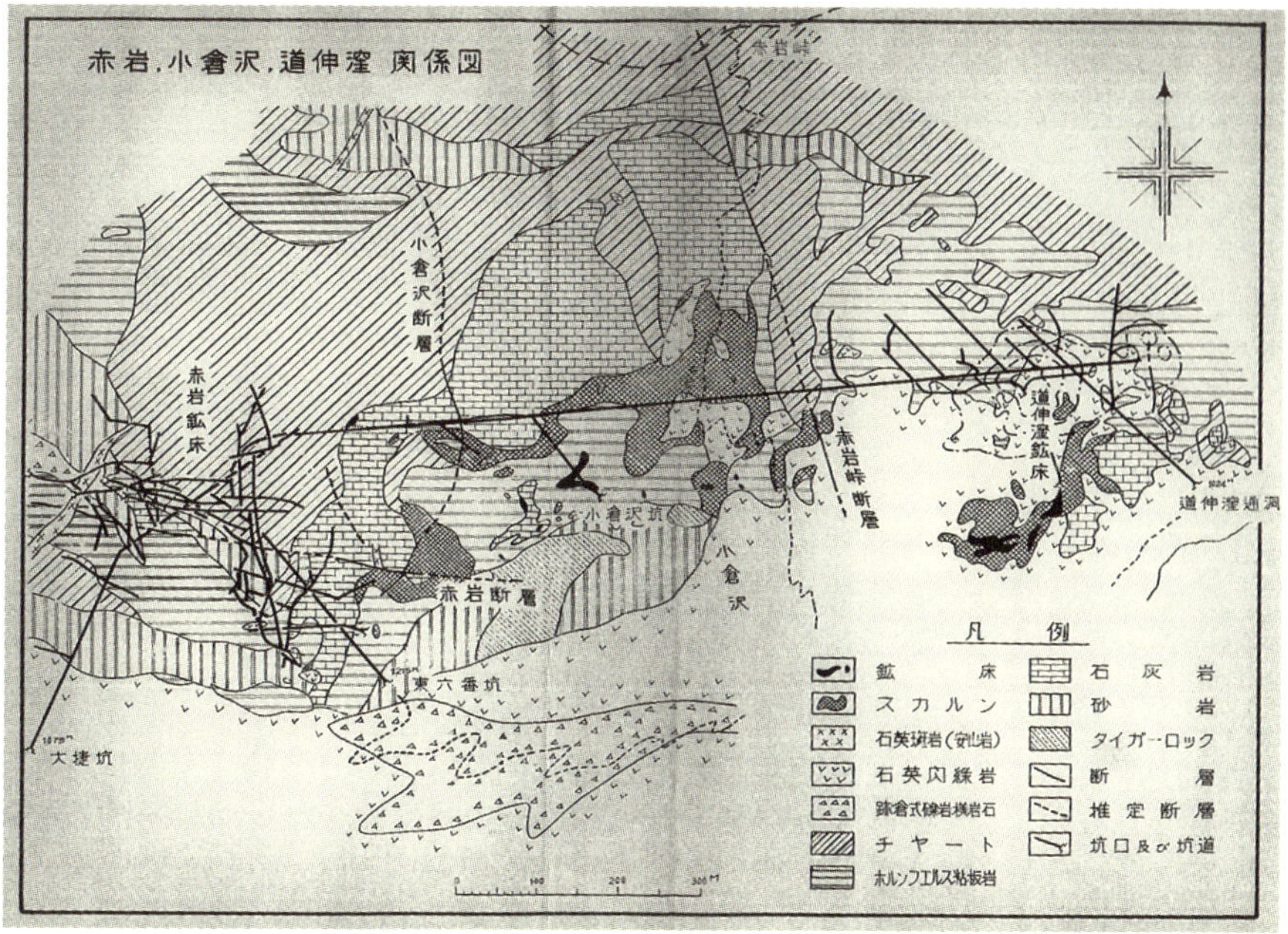


赤岩〜小倉沢〜道伸窪の関係図。

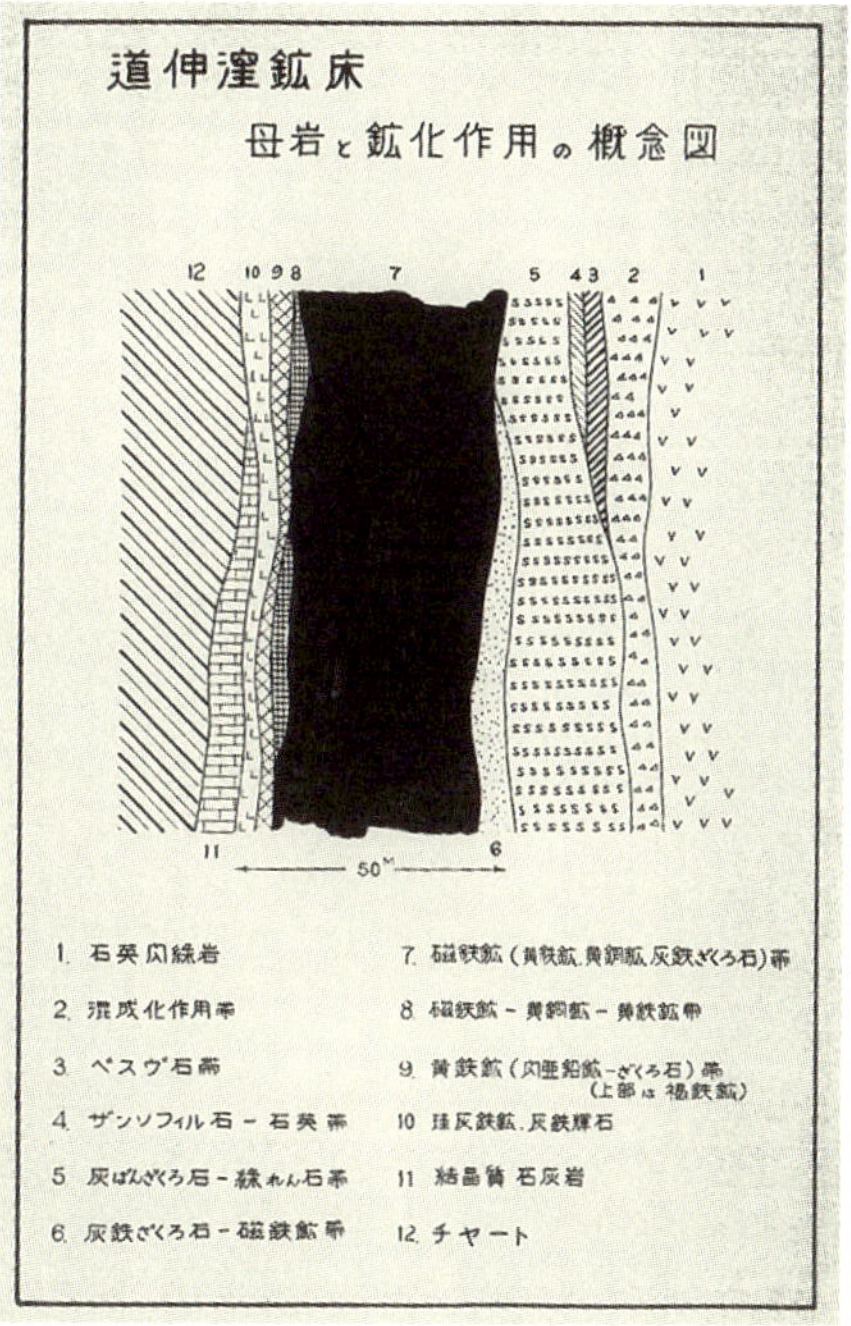


道伸窪鉱床における
母岩と鉱化作用の概念図。

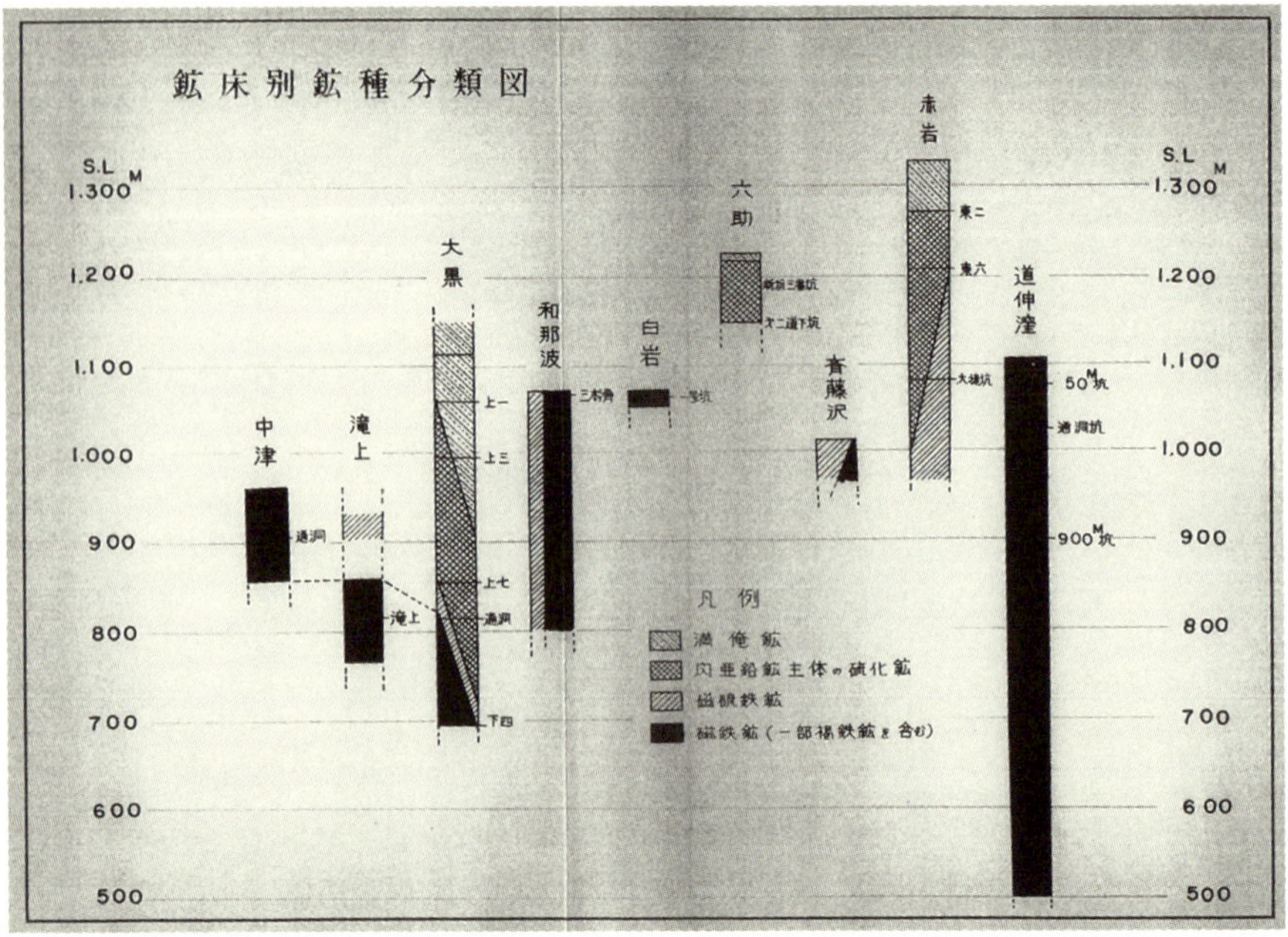
鉱床別鉱種分類図
S.L M
1.300
1.200
1.100
1.000
900
800
700
600
500
中津
通洞
滝上
滝上
大黒
上一
上三
上七
通洞
下四
和那波
白岩
六助
斉藤沢
赤岩
東二
東六
大捷坑
道伸滏
50M坑
通洞坑
900M坑
凡例
満俺鉱
閃亜鉛鉱主体の硫化鉱
磁硫鉄鉱
磁鉄鉱（一部褐鉄鉱を含む）

鉱床別鉱種分類図。

# 参考文献

掘進　第四号　職場探訪記　日窒秩父鉱業所文化会　昭和二七年一二月二八日発行
掘進　第五号　秩父鉱山の流行を見る　日窒秩父鉱業所文化会　昭和二八年四月二五日発行
掘進　第七号　他鉱山見聞記　日窒秩父鉱業所文化会　昭和二九年五月一〇日発行
閉校記念誌あかいわ　大滝村立小倉沢小中学校閉校実行委員会　昭和六〇年三月発行
秩父郡大滝村立小倉沢小中学校閉校記念文集　おぐらさわ　昭和六一年八月発行
彩の国ふれあいの森友の会　中津川悠遊　中津川悠遊編集委員会　平成一八年三月二五日発行

# あとがき

二年前の十一月に「秩父鉱山」を刊行して以来、様々な人から様々な連絡を頂いた。こんな写真があるよとか、こんな本があるよとか、秩父鉱山に関する写真や資料がいろいろ集まっていた。私は鉱山の専門家ではないのだが、本を刊行した事で親切にいろいろ教えてくれる人も多くなり、新しく知る事も多かった。ありがたい事ではあったが、預かった写真や頂いた資料をどうしようかと思ったりもしていた。

そんな折、同時代社から「秩父鉱山」増刷の話が出た。出来れば増補改訂版という形で増刷したいという事になり、内心いろいろな写真や資料が生かせると喜んだ。

しかし、実際にページを割り振りしてみたら、まったく予定のページに納まらない。困ったことになったので再度相談したら「それじゃあ、別冊という形で作りましょう」という驚きの答えが返ってきた。

まったく頭になかった事で、本当にびっくりしてしまったのだが、俄然やる気になった。じつは新しく取材したい人が何人もいたのだ。預かった写真や頂いた資料も活用出来るし、どうせなら前の本に負けないようなものにしたいと思った。

本書の内容は私が取材してまとめているが、写真も文章も多くの人達があたためて来たものだ。私はそれをまとめて並べているにすぎない。多くの人が秩父鉱山と関わり合い、多くの思い出とともに生きている。その思い出や記憶のかけらをすくい上げ、懐かしい世界を再現する。それが本書刊行の目的だ。

秩父鉱山の真実とか実際の姿を再現したい訳ではない。真実も正義も人の数だけある訳で、秩父鉱山に関係した人の数だけ別々の真実があり、見えていた鉱山の姿・形は違う。だから、ひとりひとりが違う話になる。それぞれの秩父鉱山が再現出来ればよいと思っている。

今回、特に渡部喜久治氏から貴重な写真と資料の多くを提供していただいた。「サービス立坑の開発記録」は、門外漢の私には目を見張るものだった。実際に坑内での作業がどのように行われているのか、この写真集を見て初めてわかったような気がした。

また、品川正氏に見せていただいた文化会機関誌「掘進」全十五巻が素晴らしい資料だった。今回はその中の第四号・第五号・第七号の特集記事を原文のまま収録した。当時の秩父鉱山を知るにはとても良い資料だと思う。昭和二十七年から二十九年にかけての時代を感じる文章は、秩父鉱山文化会の知性を感じるものでもあった。

著者は専門家ではなく、本書も専門書ではない。「秩父鉱山」という場所に関係した人々の記憶を写真や文字で表現したものだ。貴重な資料も言葉足らずで生かし切れたとは言えない。

素人の浅はかさを露呈して、様々な表現の間違いや専門用語の勘違いなどがあると思うが、前作同様本書刊行の主旨に鑑みご理解いただきたい。

最後に、本書を増補改訂版から別冊へとグレードアップを決断していただいた同時代社の高井社長に感謝申し上げたい。

平成二十九年七月末日　　黒沢和義

〈著者略歴〉
**黒沢和義**（くろさわ・かずよし）
東京都東久留米市在住、63歳。
昭和28年9月、埼玉県秩父郡小鹿野町に生まれる。小鹿野高等学校卒業。日本国有鉄道に就職後デザインを学び、デザイン会社を創業。30年間のデザイナー生活を終え、現在は画家として活動。主な著書に、『秩父鉱山』、『山里の記憶』1・2・3・4・5巻、『面影画』（いずれも同時代社刊）がある。森林インストラクター。浦和レッズサポーター。

写真と証言でよみがえる
**続・秩父鉱山**

2017年9月22日　初版第1刷発行

著　者　黒沢和義
写　真　渡部喜久治
発行者　高井　隆
発行所　株式会社同時代社
〒101-0065　東京都千代田区西神田2-7-6
電話　03(3261)3149　FAX　03(3261)3237
装　幀　黒沢和義
組　版　い り す
印　刷　中央精版印刷株式会社

ISBN978-4-88683-825-4